最大難関

図面って、どない描くねん！
LEVEL 3

わかりやすく
やさしく
やくにたつ

山田 学 著
Yamada Manabu

日刊工業新聞社

まるエムは、コストに二重まる！

　客先の図面を見て、「わ！幾何公差があるやーんヽ(;*´ω`)ﾉﾞｧｨｬｰ」とつぶやくエンジニアがいます。このように、未だに幾何公差に拒否反応を示すエンジニアも少なくありません。しかし、幾何特性を表す記号の意味は、製図の専門書を見れば理解できます。

　図面をコピーして、寸法公差や幾何公差の指示されている部分にマーカーをつけ、設計意図を読み解く準備が始まります。

　データムを見つけて基準となる面や線から、どこの形体が重要なのかを順番に探っていくと、幾何公差の公差記入枠の中に見慣れない記号があります。

「ん？　Ⓜ　…」(ﾟДﾟ≡ﾟДﾟ)ｴｯﾅﾆﾅﾆ？

　幾何公差の世界には、幾何特性の種類を表す記号以外にいくつかの付加記号が存在します。

　例えば、Ⓔ　Ⓜ　Ⓟ　Ⓛ　Ⓟ　などです。

　幾何公差を理解するということは、これらの付加記号の意味まで十分に理解しなければ、幾何公差を制覇したということはできません。

　ISOやJISでは「独立の原則」を採用しており、「図面上に指示された各要求事項、例えば、寸法公差や幾何公差は<u>特別な相互関係が指定されない限り</u>、他のいかなる寸法や公差、または特性とも関連しないで、独立して適用される」と定義されます。

　先ほどの、Ⓜ（まるエム）は、その"特別な相互関係"を表す種類に属し、寸法公差と幾何公差を関連させて意味を理解しないといけないのです。

　Ⓜとは、最大実体公差方式を適用することを意味し、Maximum material requirementの先頭の頭文字を記号として表現したものです。

　最大実体公差方式とは、寸法公差と幾何公差が互いに依存し、条件によっては幾何公差の公差範囲を広く変更することができるというものです。

産業のグローバル化によって、海外で部品を作ることが当たり前になった昨今、設計意図を歴史や文化の異なる地域のエンジニアに理解してもらうためには幾何公差が不可欠といえます。

　しかし、幾何公差を図面に指示すると、コストアップの原因になると信じている設計担当者や上司も多いと思います。

　ところが、最大実体公差を使うことで、設計機能を明確にできるだけでなく、次のようにコストダウンにも貢献できるのです！

① 幾何公差を広げてコストダウン

　設計者は、組み合わせる部品の寸法公差を決める際、部品のばらつきを考慮して、最悪条件でも組立を保証しようと公差数値を決定します。

　しかし、最悪条件でない場合は、その差分が隙間となって組立に余裕を持たせることを意味します。つまり、最大実体公差は、この余った差分を幾何公差に与えることができるのです。

② 検査工数を削減してコストダウン

　幾何公差を指示すると、寸法公差の検査に加えて幾何公差の検査をしなければならず、検査工数が増え、結果として部品単価に跳ね返ります。

　しかし、機能ゲージという治具を設計し使用することで、素人でも簡単に部品検査をすることができるため、全数検査も可能となります。つまり、最大実体公差は、全数検査による品質保証に加えて検査工数を削減することができるのです。

　ところが、いざ実務設計で使おうとJISハンドブックや製図書を参考にすると、掲載されている事例は説明を容易にするために、シンプルな形状に対して指示されるものばかりです。実務設計における部品は複雑な形状をしており、応用を利かせないと指示することさえできません。

　幾何公差を丸暗記することは学習効率が悪いうえ、応用を利かせることもできなくなります。私が考える幾何公差を使いこなすポイントを列記します。

・幾何公差はロジックで考える！
・シンプルに使う！

最大実体公差は、論理性を持って読み解かなければ設計意図を理解できません。逆のことをいうと、論理性をもって描かなければ図面に指示することさえできません。
　本書は、拙著「図面って、どない描くねん！」シリーズの中で、"LEVEL3"と銘打ち、機械製図テクニックの最高峰である「最大実体公差」をやさしく解説し、論理性をもって理解できるように執筆したものです。

　最大実体公差を理解するには、ロジック（論理性）が最も重要なポイントとなります。
　公差の意味する原理原則さえ理解できれば、最大実体公差は比較的簡単に知識として吸収されることでしょう。
　最大実体公差の本質を理解し、最大実体公差に対して苦手意識を克服できれば、世界に通用する一人前のメカニカル・エンジニアの誕生です！

　読者の皆様からのご意見や問題点のフィードバックなど、ホームページを通して紹介し、情報の共有化やサポートができ、少しでも良いものにしたいと念じております。

「Lab notes by 六自由度」
書籍サポートページ
http://www.labnotes.jp/

　最後に、本書の執筆にあたり、お世話いただいた日刊工業新聞社出版局の方々にお礼を申し上げます。

2011年9月 山田　学

目次 CONTENTS

まるエムは、コストに二重まる！ ·· i

第1章 独立の原則と相反する包絡の条件ってなんやねん！ ················ 1
- 1-1 独立の原則とは ··· 2
- 1-2 包絡の条件とは ··· 7

第2章 どないしたら幾何公差だけ増やせんねん！ ························ 19
- 2-1 最大実体公差方式とは ··· 20
- 2-2 最大実体公差方式をビジュアル化する動的公差線図 ········· 32

第3章 最大実体公差って、どの幾何特性に使ったらええねん！ 〜形状公差・姿勢公差編〜 ········ 37
- 3-1 全ての幾何特性に使えるわけではない最大実体公差 ········ 38
- 3-2 真直度に最大実体公差方式を適用した例 ····················· 39
- 3-3 直角度に最大実体公差方式を適用した例 ····················· 44
- 3-4 平行度に最大実体公差方式を適用した例 ····················· 48
- 3-5 傾斜度に最大実体公差方式を適用した例 ····················· 54

第4章 最大実体公差って、どの幾何特性に使ったらええねん！ 〜位置公差編〜 ················ 61
- 4-1 同軸度に最大実体公差方式を適用した例 ····················· 62
- 4-2 対称度に最大実体公差方式を適用した例 ····················· 66
- 4-3 位置度に最大実体公差方式を適用した例 ····················· 70
- 4-4 位置度で複数箇所に最大実体公差方式を適用した例 ········ 74

第5章 機能ゲージって、どない設計すんねん！ ……… 77
- 5-1 幾何公差図面の検査手順とは ……………………… 78
- 5-2 寸法をチェックするGoゲージ、No Goゲージ ……… 80
- 5-3 最大実体公差方式をチェックする機能ゲージの設計 ……… 83

第6章 最大実体公差を、もっと簡単に検査したいねん！ ……… 105
- 6-1 データムを拘束せず浮動させるⓂテクニック ……… 106
- 6-2 検査ゲージを減らせるゼロ幾何公差 ……………… 118

第7章 その他の幾何公差テクニックはどない使うねん！ ……… 129
- 7-1 最小実体公差方式とは …………………………… 130
- 7-2 突出公差域とは …………………………………… 138
- 7-3 自由状態とは ……………………………………… 147

設計意図を伝えるという気持ち ……………………… 153

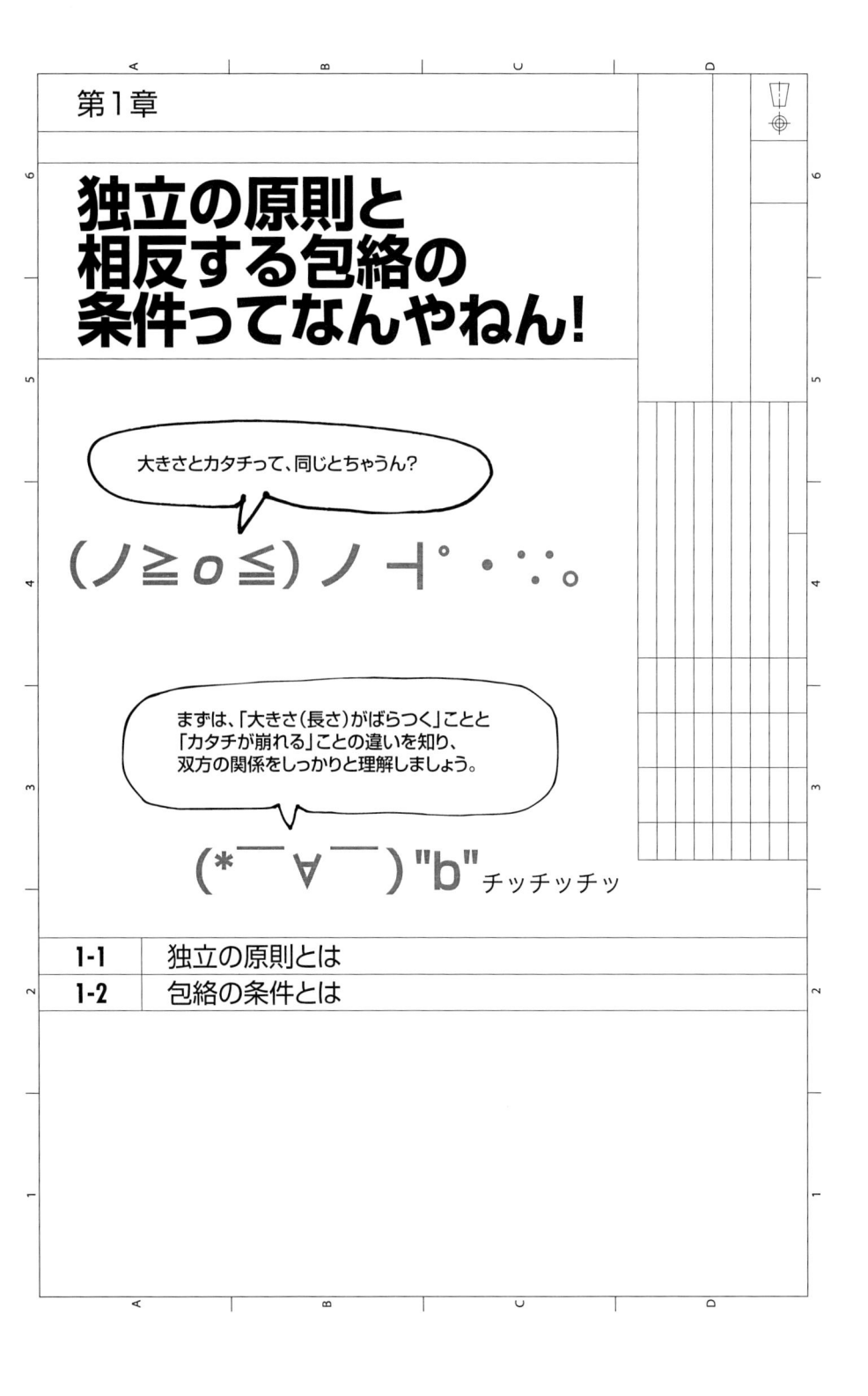

第1章

独立の原則と相反する包絡の条件ってなんやねん!

大きさとカタチって、同じとちゃうん?

(ノ≧o≦)ノ┵゜・∴。

まずは、「大きさ(長さ)がばらつく」ことと「カタチが崩れる」ことの違いを知り、双方の関係をしっかりと理解しましょう。

(*￣∀￣)"b" チッチッチッ

1-1	独立の原則とは
1-2	包絡の条件とは

第1章　1　独立の原則とは

独立の原則（JIS B 0024）

　図面上に個々に指定した寸法及び幾何特性に対する要求事項は、それらの間に特別の関係が指定されない限り、独立に適用する。

　それゆえ何も関係が指定されていない場合には、幾何公差は形体の寸法に無関係に適用し、幾何公差と寸法公差は関係ないものとして扱う。

したがって、もし、
- 寸法と形状又は
- 寸法と姿勢又は
- 寸法と位置

との間に**特別な関係が要求される場合**には、そのことを図面上に指定しなければならない。

【Q1】
寸法とカタチ（形状・姿勢・位置）の関係ってなんやろ？

【Q2】
特別な関係を図面に指定するって、どないするん？

> **Q1** 寸法とカタチ(形状・姿勢・位置)の関係ってなんやろ?
>
> **A1** JIS製図では、寸法公差と幾何公差を分離して考える「独立の原則」に従うため、寸法公差と幾何公差に、なんら関連を持たせないというものです。

エンジニアとして、寸法という言葉をあいまいに使っている場合が多いと思いますが、定義をしっかりと理解しておきましょう。「寸法とは、決められた方向での、対象部分の長さ、距離、位置、角度、大きさを表わす量」と定義されます。

寸法公差のうち、「長さ寸法公差は、形体の実寸法(2点測定による)だけを規制し、その形状偏差(例えば、円筒形体の真円度、真直度または平行二平面の表面の平面度)は規制しない(ISO 286/1参照)」、「角度寸法公差は、線または表面を構成している線分の一般的な姿勢だけを規制し、それらの形状偏差を規制するものではない」と定義されます。

一般的に寸法計測に使うノギスを例にして、寸法が2点間で測定されていることをビジュアル的に理解してください。

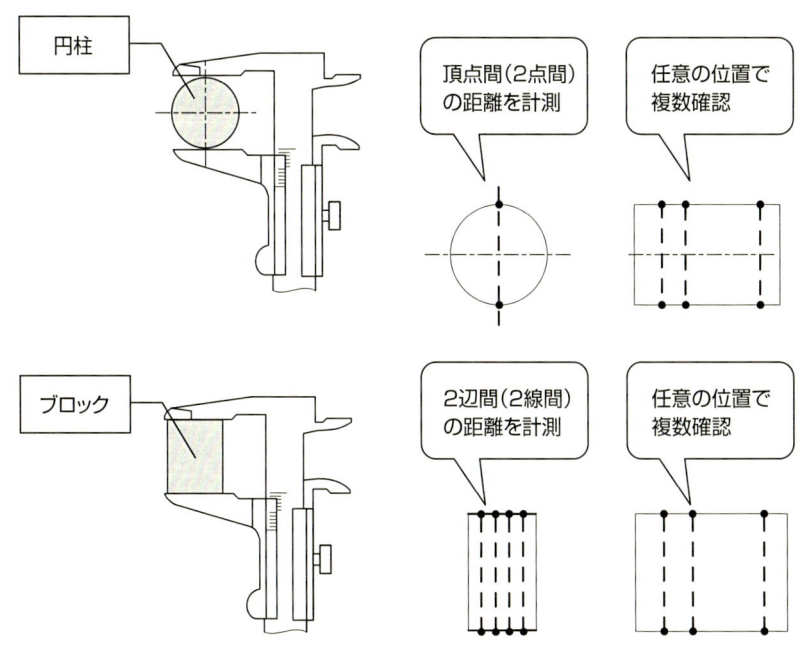

図1-1 2点間による寸法計測例

寸法計測から寸法の定義を理解できたと思います。次に大きさとカタチが別物であることを確認します。

例えば、設計の基本形状である丸棒形状とブロック形状において、長尺な部品を設計した場合を想定して比較してみましょう。

まずは、丸棒を例に、独立の原則とは何かを再確認します。

下図のように、直径寸法に厳しい公差が指示された長尺の丸棒があります。寸法は2点間で測定するものであり、直径の寸法公差さえ守っていればよいと判断され、軸の反りやうねりは、寸法計測で評価することができません。

寸法のばらつきとカタチのばらつきは、別々に考えなければいけないという考え方を適用すると、丸軸が占有する物理的領域は、軸直径の公差の最大値と幾何特性のばらつきの最大値を合わせた範囲となります。

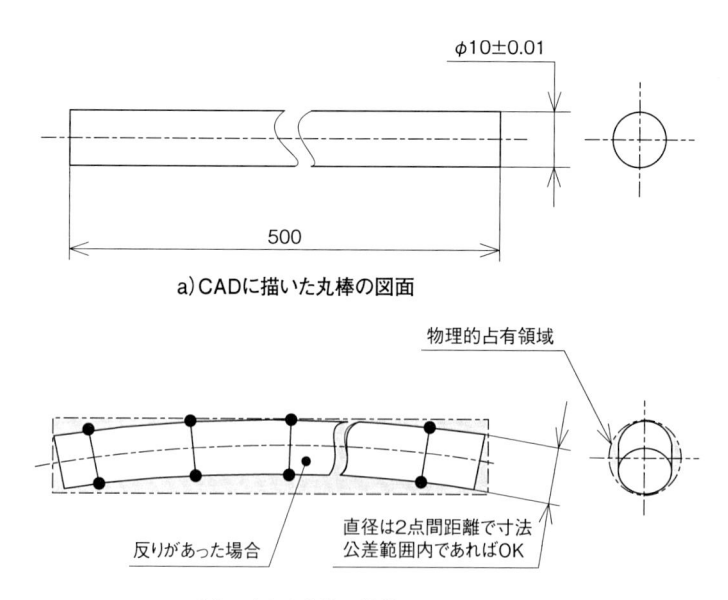

a) CADに描いた丸棒の図面

b) 加工された丸棒の状態

図1-2　独立の原則(丸棒の場合)

次に、形状を変えて、四角いブロックでも、独立の原則が成立するのかを確認しましょう。

　下図のように、厚み寸法に厳しい公差が指示された長尺のブロックがあります。寸法は2点間で測定するものであり、厚みの寸法公差さえ守っていれば、ブロックの反りやうねりは寸法計測では評価することができません。

　寸法のばらつきとカタチのばらつきは、無関係であるため、丸軸同様にブロックが占有する物理的領域は、寸法公差の最大値と幾何特性のばらつきの最大値を合わせた範囲となります。

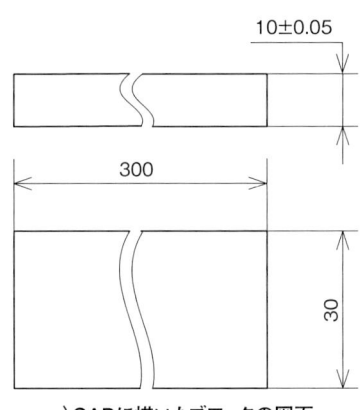

a) CADに描いたブロックの図面

b) 加工されたブロックの状態

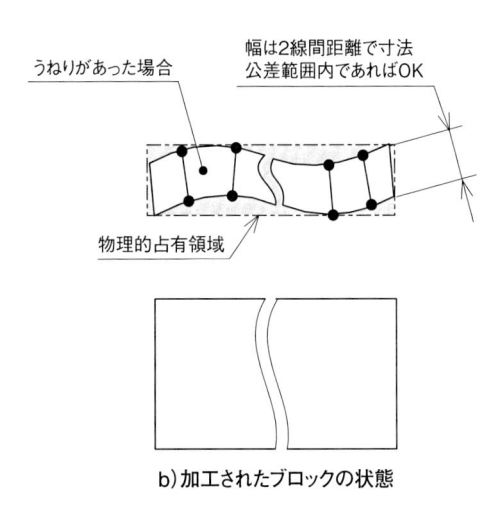

図1-3　独立の原則（ブロックの場合）

> **Q2 特別な関係を図面に指定するって、どないするん？**
>
> **A2** 寸法と幾何特性の関係において独立の原則を指示する場合、下記の2つの方法があります。
> - 表題欄またはその周辺に明記する
> - 企業の技術標準の中で明記する

　企業によっては、国家規格であるJISに従うのは当然として、どこにも明記しない場合や、独立の原則すら知らず決めごとのない企業も存在するかもしれません。

　JISによると、「独立の原則を適用する図面には、図面の表題欄の中、または付近に次のように記入しておかなければならない」と決められています。
　JIS B 0024はISO8015を内容の変更なく和訳したものですから、世界の企業に向けて図面を描く場合は、「JIS B 0024（ISO 8015）」という文言を表題欄、あるいはその付近に明確に表示することが望ましいといえます。
　さらに海外企業と取引する場合は、事前に打ち合わせをして規格を明確にしておく必要があります。なぜなら、ISOは国際標準であるにも拘らず、ASME（アメリカ機械学会）のように独立の原則を適用しない規格も存在するからです。

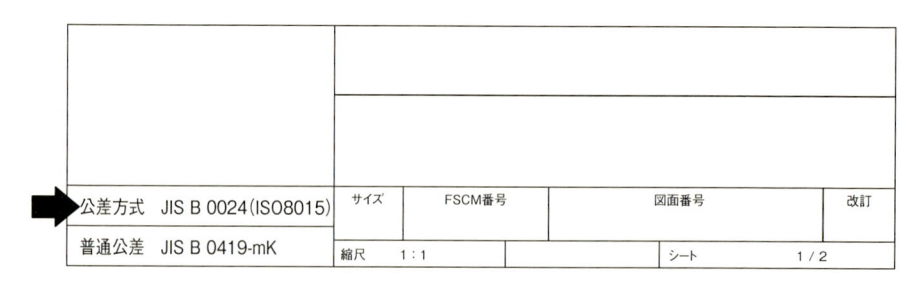

公差方式 JIS B 0024(ISO8015)	サイズ	FSCM番号		図面番号		改訂
普通公差 JIS B 0419-mK	縮尺	1:1		シート	1/2	

図1-4　独立の原則を表した公差方式の表示

　独立の原則に従わない"特別な関係"は、次に示す寸法と幾何特性の相互依存性のことをいい、これらを用いて指示することができます。
－包絡の条件
－最大実体公差方式

第1章	2	包絡の条件とは

包絡の条件（JIS B 0024）

単独形体、つまり円筒面または平行二平面によって決められる一つの形体「サイズ形体（feature of size）」に対して適用する。

【Q3】
サイズ形体って、なんのこと？

【Q4】
最大実体寸法って、何？

この条件は、**形体がその最大実体寸法における完全形状の包絡面を超えてはならないことを意味している。**

【Q5】
完全形状の包絡面を超えてはならないって？

包絡の条件は、以下のいずれかによって指定される。
－　長さ寸法公差の後に記号Ⓔを付記する
－　包絡の条件を規定している規格を参照する

【Q6】
Ⓔって何を意味するん？

第1章　独立の原則と相反する包絡の条件ってなんやねん！

Q3 サイズ形体ってなんのこと?

A3 「形体とは、幾何特性の対象となる点、母線、中心線、表面、および中心面」と定義されます。「サイズ形体とは、サイズ寸法によって定義される幾何学的な形」と定義されます。

「なんや！そのまんまやん！(*≧∇≦)ノ」とツッコミたくなりますよね。

一般的な基本形状である丸軸と角ブロックを例に、幾何特性を指示するうえでの"基本中の基本"である、表面（あるいは母線）指示と中心線（あるいは中心平面）指示の違いを再確認します。

丸軸に指示した真直度を例に、幾何公差の指示線の指す位置によって、その意味の違いを確認しましょう。

寸法線と幾何公差の指示線を離した場合、幾何公差の対象は、円周上の任意の表面の線（母線）

a) 母線指示（寸法線と幾何公差の指示線を一致させない）

寸法線と幾何公差の指示線を一致させた場合、幾何公差の対象は、中心線

b) 中心線指示（寸法線と幾何公差の指示線を一致させる）

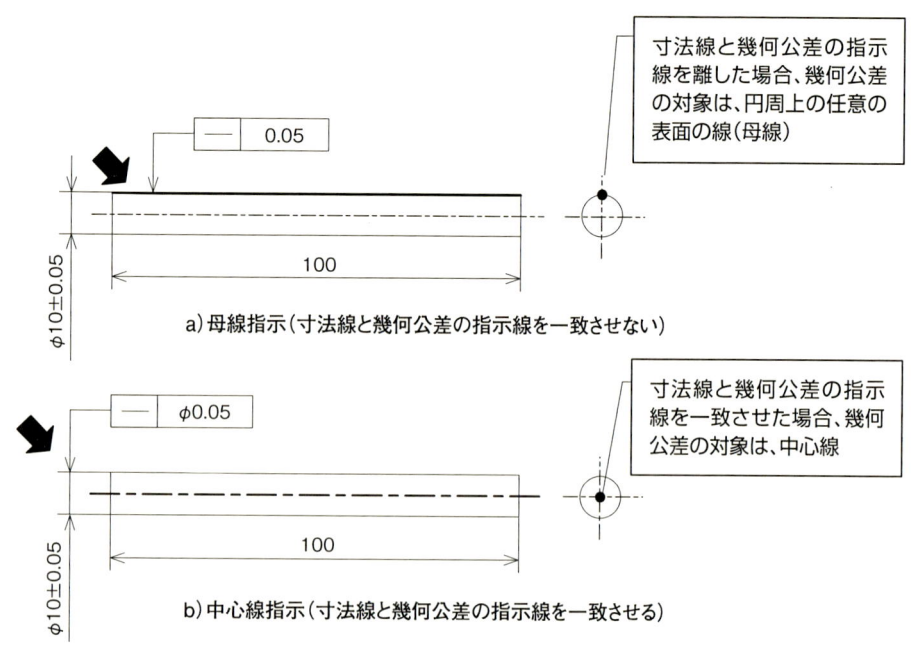

図1-5　母線と中心線の違い（真直度の場合）

幾何公差の指示線を当てる位置の違いによって、上図に示すように、幾何公差の対象となる部位が違ってきます。

さて、母線と中心線という同じ1本の線であれば、どちらも同じ意味を成すのでしょうか？

いいえ、そうではないのです。幾何公差の対象となる部位の違いから、同じ真直度における母線と中心線という線分であっても、サイズ形体でない場合とサイズ形体となる場合に分かれるのです。

外表面（母線）なので、成り行きの寸法に影響されない

中心線なので、成り行きの寸法に影響される

幾何公差の対象部位

幾何公差の対象部位

a) サイズ形体でない　　　　　　　　b) サイズ形体

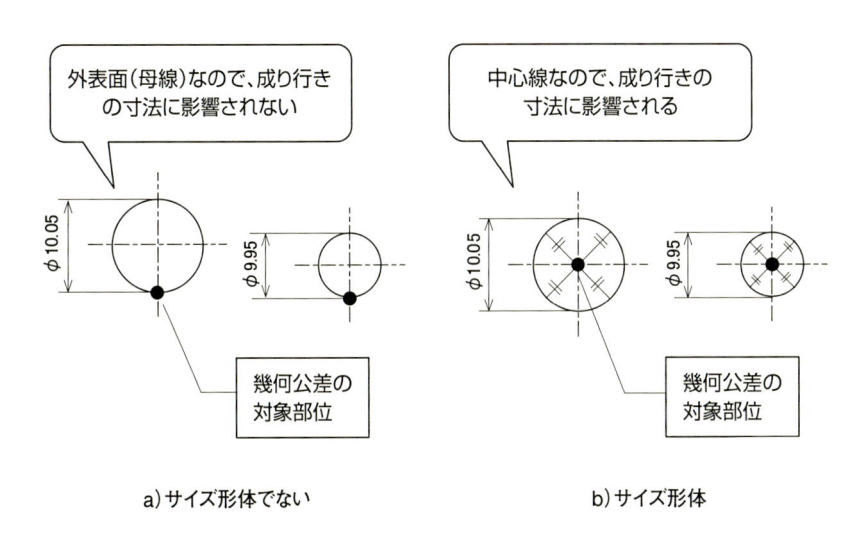

図1-6　サイズ形体とは（真直度の場合）

ふ〜ん。
同じ幾何特性でも、
指示するポイントで
サイズ形体であったり、
なかったりするんか〜

サイズ形体であるか、
サイズ形体でないか
十分理解せな、この後の
最大実体公差方式で
混乱するで！

第1章　独立の原則と相反する包絡の条件ってなんやねん！

次にブロックに指示した直角度を例に、幾何公差の指示線の指す位置によって、その意味の違いを確認しましょう。

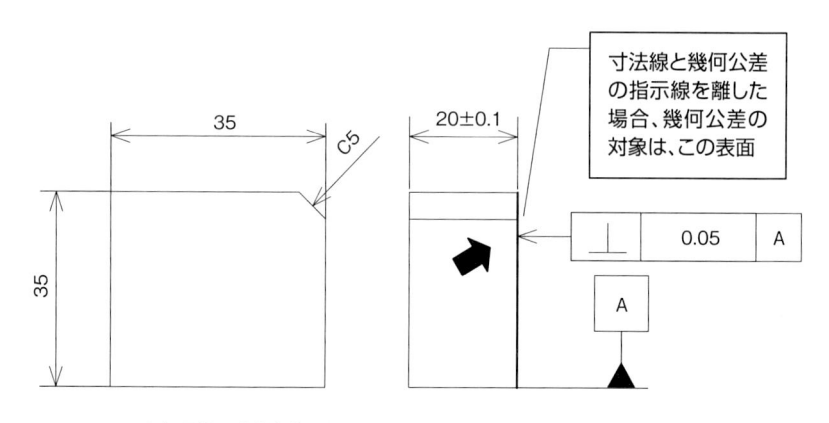

a) 表面指示（寸法線と幾何公差の指示線を一致させない）

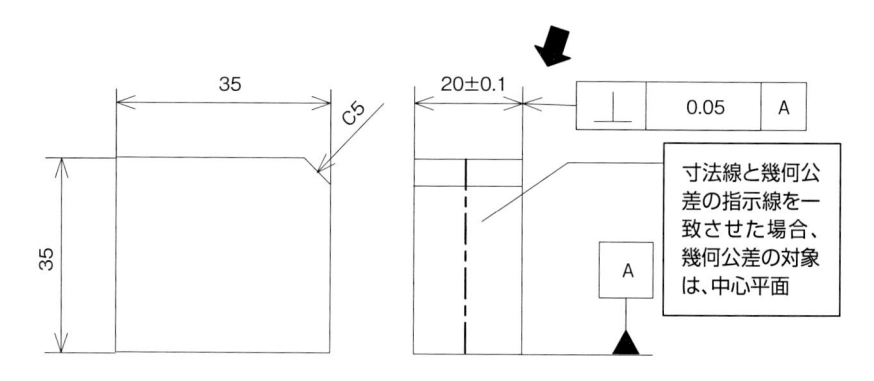

寸法線と幾何公差の指示線を離した場合、幾何公差の対象は、この表面

b) 中心平面指示（寸法線と幾何公差の指示線を一致させる）

寸法線と幾何公差の指示線を一致させた場合、幾何公差の対象は、中心平面

図1-7　表面と中心平面の違い（直角度の場合）

幾何公差の指示線を当てる位置の違いによって、上図に示すように、幾何公差の対象となる部位が違ってきます。

さて、表面と中心平面という同じ1枚の面であれば、どちらも同じ意味を成すのでしょうか？
　いいえ、そうではないのです。幾何公差の対象となる部位の違いから、同じ直角度における表面と中心平面という面であっても、サイズ形体でない場合とサイズ形体となる場合に分かれるのです。

表面の一方なので、成り行きの寸法に影響されない

中心平面なので、成り行きの寸法に影響される

20.1　19.9　　　20.1　19.9

幾何公差の対象部位

幾何公差の対象部位

a) サイズ形体でない　　　b) サイズ形体

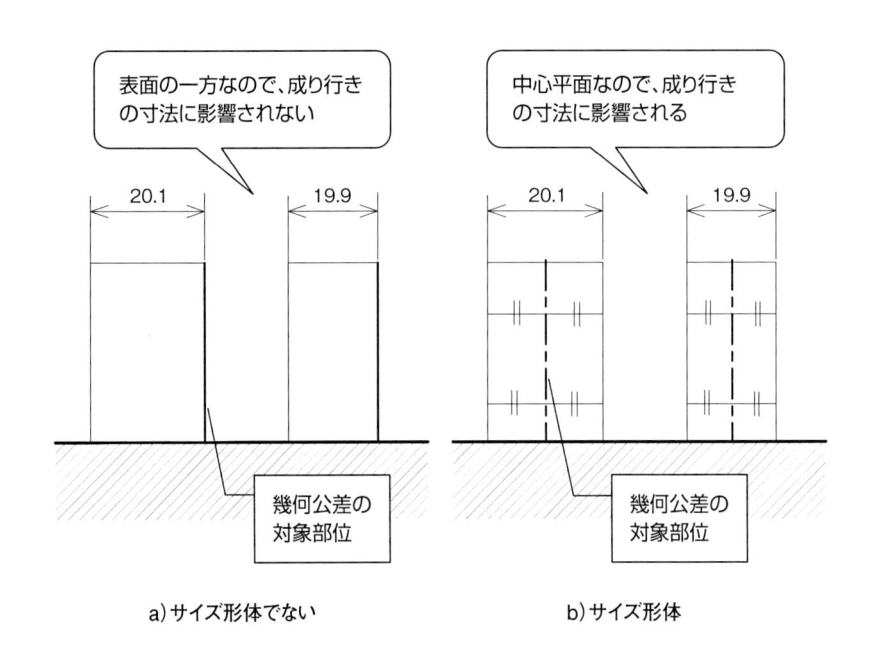

図1-8　サイズ形体とは（直角度の場合）

Q4 最大実体寸法って何?

A4 最大実体寸法(MMS:Maximum Material Size)とは、形体の最大実体状態を決める寸法のことをいいます。
最大実体状態(MMC:Maximum Material Condition) とは、形体のどこにおいても、その形体の実体が最大となるような許容限界寸法、たとえば、最小の穴径、最大の軸径を持つ形体をいいます。

軸と穴の場合を想定して、最大実体寸法とはどんなものかを確認してみましょう。

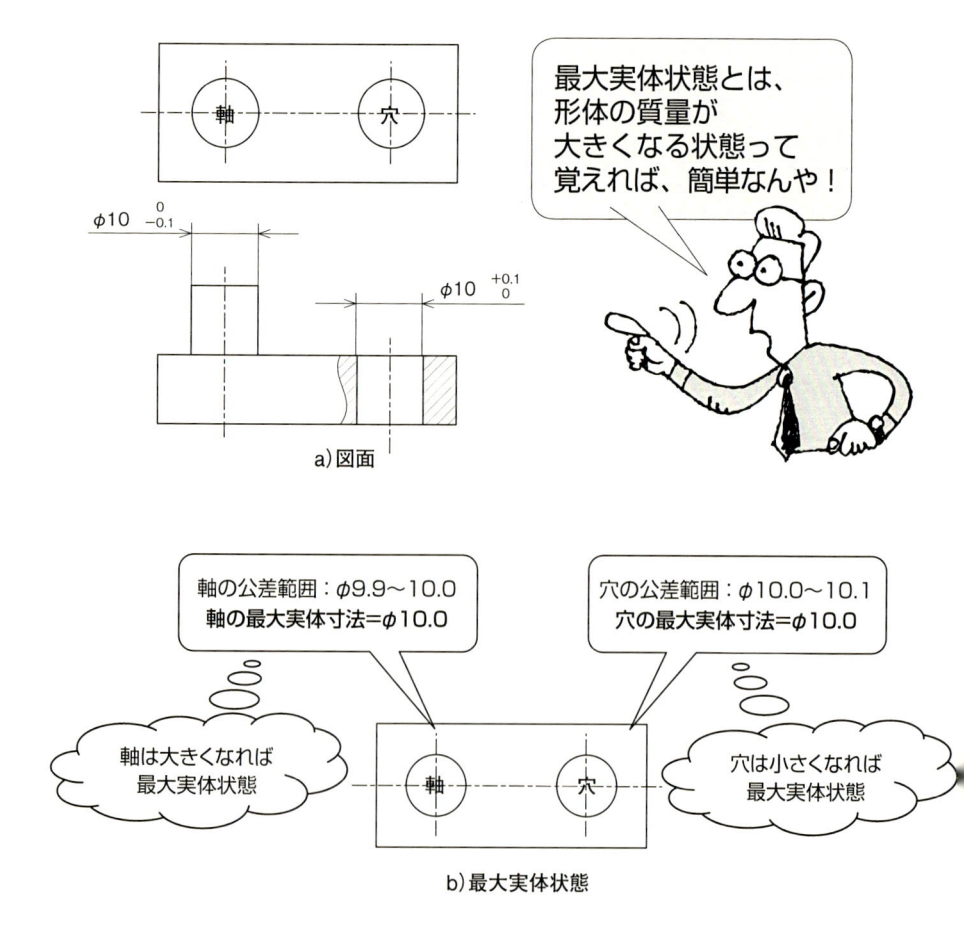

最大実体状態とは、形体の質量が大きくなる状態って覚えれば、簡単なんや!

a) 図面

軸の公差範囲:φ9.9〜10.0
軸の最大実体寸法=φ10.0

穴の公差範囲:φ10.0〜10.1
穴の最大実体寸法=φ10.0

軸は大きくなれば最大実体状態

穴は小さくなれば最大実体状態

b) 最大実体状態

図1-9 最大実体寸法とは

φ(@°▽°@) メモメモ

最小実体寸法と最小実体状態

前述の最大実体寸法と全く逆の考え方をするものが最小実体寸法です。

最小実体寸法（ＬＭＳ：Least Material Size）とは、形体の最小実体状態を決める寸法のことをいいます。さらに最小実体状態（ＬＭＣ：Least Material Condition）とは、形体のどこにおいても、その形体の実体が最小となるような許容限界寸法、たとえば、最大の穴径、最小の軸径を持つ形体をいいます。

※最小実体寸法を利用する最小実体公差方式は、第7章で解説します。

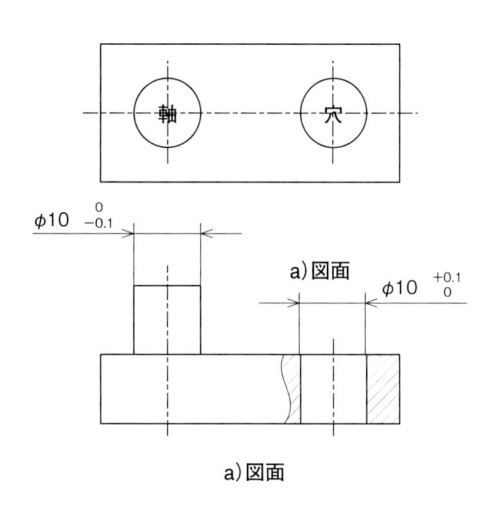

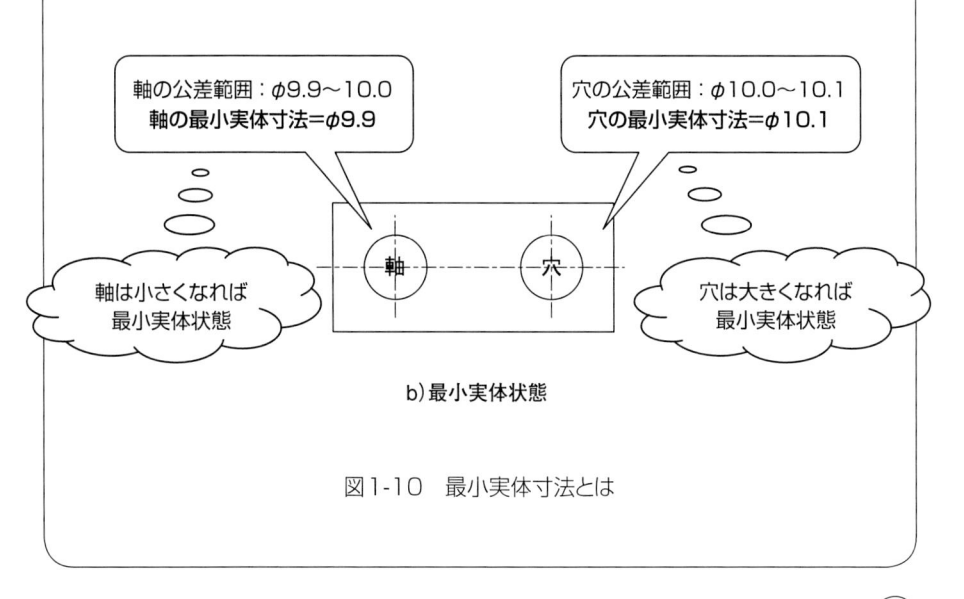

軸の公差範囲：φ9.9〜10.0
軸の最小実体寸法＝φ9.9

穴の公差範囲：φ10.0〜10.1
穴の最小実体寸法＝φ10.1

軸は小さくなれば最小実体状態

穴は大きくなれば最小実体状態

b) 最小実体状態

図1-10　最小実体寸法とは

Q5 完全形状の包絡面を超えてはならないって??

A5 完全形状の包絡面とは、図面指示された寸法公差の最大実体状態でできた形の崩れない領域のことを表します。
したがって、"完全形状の包絡面を超えてはならない"とは、カタチの崩れのない最大実体寸法の領域の中で、対象となる形体が存在しなければいけないということです。

ここで、直径に公差を持つ丸棒を例に、完全形状の包絡面とは何かを知りましょう。

下図から、それぞれの意味するところを列記します。

a) 図面指示…直径の寸法は$\phi 9.9$〜10.0の間にあればよいことがわかります。
b) 完全状態の包絡面…反りやうねりのない最大実体寸法$\phi 10.0$の物理的領域を完全状態の包絡面といいます。
c) 完全状態の包絡面を超えない形体…例えば、局部寸法全てが最小実体寸法の$\phi 9.9$でできた場合、$0.1mm$は反ってもよいという形体です。逆に局部寸法全てが最大実体寸法の$\phi 10.0$でできた場合、反りは許されない形体をいいます。

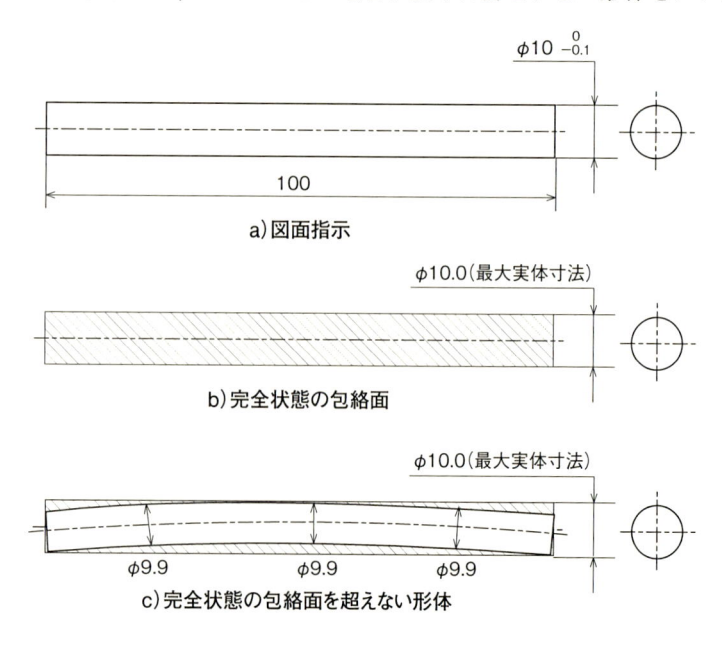

図1-11 軸の完全状態の包絡面とは

Q6 Ⓔって何を意味するん?

A6
独立の原則に従う図面の中で、一部の寸法に包絡の条件を適用する場合、寸法公差に続けてⒺ(まるイー)を記入します。

このEは、Envelopeの頭文字で、封筒という意味です。つまり、**最大実体寸法をもった完全状態の包絡面という"封筒"の中に、寸法公差を守った部品が入れば合格、入らなければ不合格と決めるものです。**

軸の一部にⒺを適用した図面が何を意味するのか確認してみましょう。

- 独立の原則を適用する形体
- 包絡の条件を適用する形体
- φ10 $^{0}_{-0.1}$ Ⓔ
- φ20 $^{0}_{-0.1}$
- 20
- 30

φ9.9〜φ10.0
最大実体寸法は、質量が最も大きくなるφ10.0!

軸の一部に包絡の条件を適用した図面

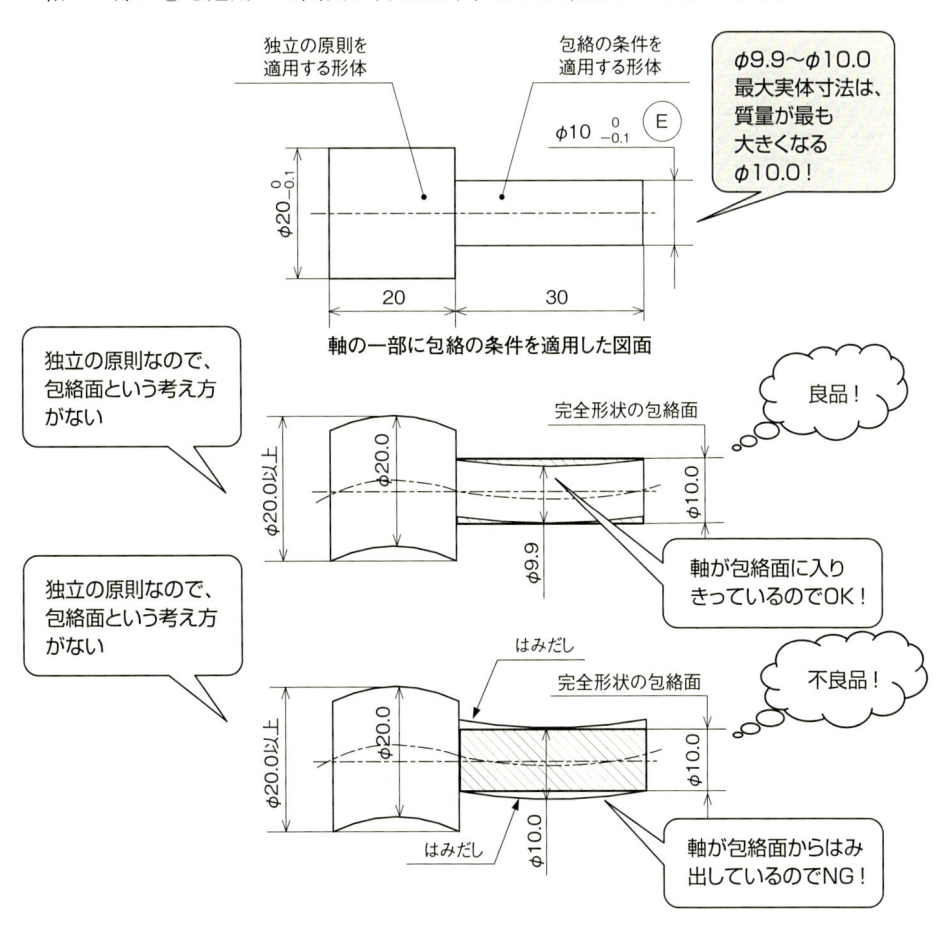

独立の原則なので、包絡面という考え方がない

完全形状の包絡面
φ20.0
φ20.0以下
φ10.0
φ9.9

良品!
軸が包絡面に入りきっているのでOK!

独立の原則なので、包絡面という考え方がない

はみだし
完全形状の包絡面
φ20.0
φ20.0以上
φ10.0
はみだし

不良品!
軸が包絡面からはみ出しているのでNG!

図1-12 Ⓔを指示した図面の判定

第1章 独立の原則と相反する包絡の条件ってなんやねん!

次に穴の場合を考えてみましょう。軸の場合は軸を挿入する封筒をイメージしましたが、穴の場合は、封筒の外側が入ればよいという考え方になります。

下図から、それぞれの意味するところを列記します。

a）図面指示…直径の寸法は φ10.0〜10.1 の間にあればよいことがわかります。
b）完全状態の包絡面…反りやうねりのない最大実体寸法 φ10.0 の物理的領域を完全状態の包絡面といいます。
c）完全状態の包絡面を超えない形体…例えば、局部寸法全てが最小実体寸法の φ10.1 でできた場合、0.1mm は反ってもよいという形体です。逆に局部寸法全てが最大実体寸法の φ10.0 でできた場合、反りは許されない形体をいいます。

φ10.0〜φ10.1
最大実体寸法は、質量が最も大きくなるφ10.0！

a）図面指示

b）完全状態の包絡面

c）完全状態の包絡面を超えない形体

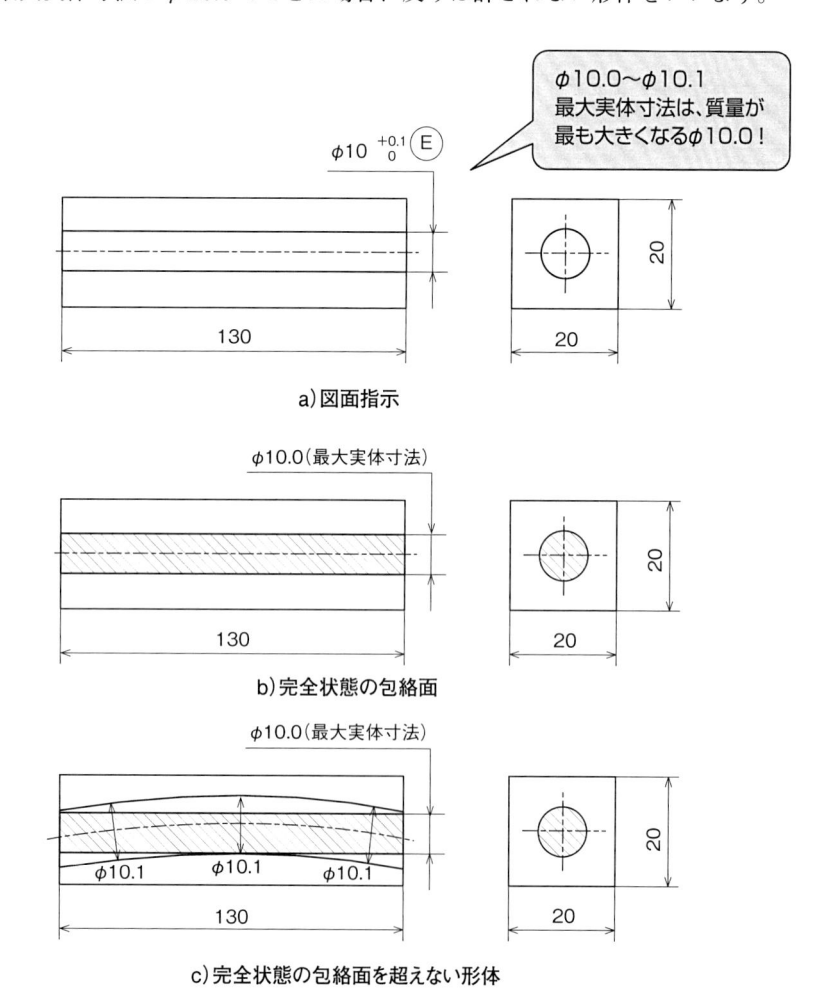

図1-13 穴の完全状態の包絡面とは

φ(@°▽°@)　メモメモ

　互いに同一の寸法公差から隙間が開くはめあいを"隙間ばめ"といいます。
　しかし、一般的に2部品の寸法がいわゆる「ゼロゼロ」の関係になる可能性があると、互いにはめあうことができません。なぜなら、寸法とは無関係に真円度や真直度が崩れていると挿入できないためです。
　図1-13で示した軸と穴はそれぞれ包絡の条件によって指示されており、幾何特性の崩れを含んだ領域同士になるため互いにはめあうことができるのです。
　これは機能ゲージを使って検査することでなせる技です。第6章で詳細を説明します。

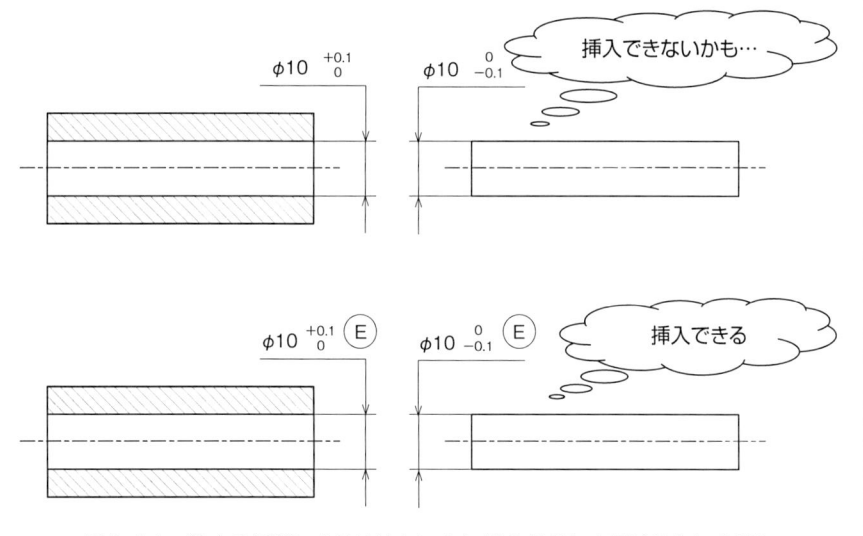

図1-14　独立の原則によるはめあいと包絡の条件によるはめあいの違い

はめあいの種類では、隙間ばめになるけど、幾何特性の崩れがあると、挿入でけへん可能性があるんやで！

え〜！今まで、何回かこんな寸法関係で設計したことがあります…

第1章　独立の原則と相反する包絡の条件ってなんやねん！

第1章のまとめ

第1章で学んだこと

　ISOが定める国際標準である「独立の原則」は、日本の国家規格であるJISも準拠しています。その独立の原則と対極にあるのが「包絡の条件」です。本書で学習する「最大実体公差方式」は、その両者を理解しなければいけません。本章では、相反する独立の原則と包絡の条件を、複数の事例をもって理解しました。

わかったこと

　独立の原則と包絡の条件

| 寸法は局部2点間で計測する | → | 寸法で幾何特性は制御できない | → | サイズ形体は中心線（平面）指示 | → | 包絡の条件はⒺを使う | → | Ⓔは最大実体寸法が包絡面 |

- 独立の原則は、寸法と幾何特性の間に特別な関係が指定されない限り独立に適用する
- 特別な関係の一つに包絡の条件がある
- サイズ形体とは、中心線あるいは中心平面指示された寸法公差のある形体である
- 包絡の条件は、最大実体寸法で示される完全形体を越えてはいけない
- 包絡の条件は、サイズ形体にのみ適用できる
- 包絡の条件を適用する場合、寸法公差の後に記号Ⓔを付記する

次にやること

　独立の原則を適用しない特別な関係は、包絡の条件だけではありません。本書の目的である最大実体公差方式も独立の原則を適用しない特別な考え方です。

　独立の原則と包絡の条件を十分理解した上で学習を進めないと、混乱することになりますので、不安な方はもう一度確認してから次章へ進んでください。

第2章

どないしたら
幾何公差だけ
増やせんねん！

> 幾何公差を増やせるんやったら、最初から増やしといたらええんとちゃうん？

（ノ≧o≦）ノ ┽ °・∵。

> 最大実体公差方式で幾何公差を増やすには、条件が必要です。実効状態とは何かを知り、その実効状態からはみ出さない範囲の中で幾何公差を増加できるのです。

(*￣∀￣)"b" チッチッチッ

2-1	最大実体公差方式とは
2-2	最大実体公差方式をビジュアル化する動的公差線図

第2章 1 最大実体公差方式とは

最大実体公差方式（JIS B 0023）

　機能的、経済的理由から形体(群)の寸法と、姿勢または位置との間に相互依存性に対する要求がある場合は、最大実体公差方式（Ⓜを用いて表す）を適用する。

【Q7】
Ⓜって何を意味するん？

　2つのフランジのボルト穴とそれらを締め付けるボルトとのように、部品の組立は、互いにはめ合わされる形体の実寸法と実際の幾何偏差との間の関係に依存する。

　最大実体公差方式とは、取り付ける形体のそれぞれが最大実体寸法（例えば、最大許容限界寸法の軸及び最小許容限界寸法の穴）であり、かつ、それらの幾何偏差（例えば、位置偏差）も最大であるときに、組立隙間は最小になる。組み付けられた形体の実寸法がそれらの最大実体寸法から最も離れ（例えば、最小許容限界寸法の軸及び最大許容限界寸法の穴）、かつ、それらの幾何偏差（例えば、位置偏差）がゼロのときに、組立隙間は最大になる。

　以上から、**はまり合う部品の実寸法が両許容限界寸法内で、それらの最大実体寸法にない場合には、指示した幾何公差を増加させても組立に支障をきたすことはない。**

【Q8】
寸法公差も
大きくしてもええの？

Q7 Ⓜって何を意味するん?

A7
通常、図面は特に指定しない限り、独立の原理が適用されます。一部の寸法に最大実体公差方式を適用する場合に、幾何公差の数値に続けて、場合によっては公差記入枠内のデータム記号に続けてⓂ（まるエム）を記入します。このMは、MMR（Maximum Material Requirement）の頭文字で、最大実体公差方式という意味です。

幾何公差の公差記入枠への表示例を下記に示します。

・サイズ形体への最大実体公差の適用

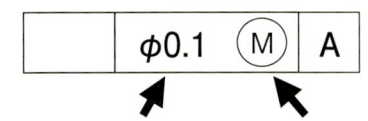

| | φ0.1 | Ⓜ | A |

最大実体寸法のときに許容する公差値

最大実体寸法から離れた差分を幾何公差に付加することができるという表示

図2-1　サイズ形体への最大実体公差の指示方法

・データム形体への最大実体公差の適用

　データムに最大実体公差方式を適用する場合、データム形体がサイズ形体であり、かつ最大実体寸法から離れた差分だけデータムを浮動させてもよいことを意味します。

※データム形体への最大実体公差適用は、第6章で解説します。

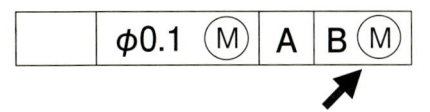

| | φ0.1 | Ⓜ | A | Ⓑ Ⓜ |

データムBの形体が、最大実体寸法から離れた差分だけデータムBを浮動させることができるという表示

図2-2　サイズ形体であるデータムへの最大実体公差の指示方法

Q8 寸法公差も大きくしてもええの?

A8 いいえ、最大実体公差方式では、寸法公差は絶対に守らなければいけません。公差を大きくできるというのは、最大実体寸法から離れた差分を、幾何公差に追加できるということです。

最大実体公差方式を適用する場合は、まず実効状態を確認することから始めると理解しやすくなります。

実効状態 (VC：virtual condition) とは、「図面指示によってその形体に許容される完全形状の限界であり、この状態は、最大実体寸法と幾何公差との総合効果によって生じる」と定義されます。

第1章で学習した完全状態の包絡面は最大実体寸法の完全状態の領域でしたが、実効状態は最大実体寸法に幾何偏差を加えた完全状態の領域となります。

> 実効状態は、完全状態の包絡面と、ちょっと違うんか〜

例えば、寸法精度が高く2部品を手で軽く挿入できるはめあい構造を考える際、皆さんはどのように寸法関係を考えてきましたか？

多くの設計者は、寸法公差だけに着目して、必ず互いの寸法がラップしないよう隙間が開く方向に寸法公差を設定しがちですが、幾何公差の存在を忘れるわけにはいきません。幾何公差を含めて精度の高い隙間ばめを保証する場合、次のポイントに注意して設計しなければいけません。

・はめあいの最悪条件となる最大実体寸法を確認する
・幾何特性の最大ばらつきを考慮する

この2項目を検討することが実効状態を検討することを意味し、実効状態の寸法を実効寸法といいます。

それでは、実効状態をどうやって求めるのか、直角度の事例を使って以下に説明します。まずは、2部品の互いにはめあう構造から理解してください。

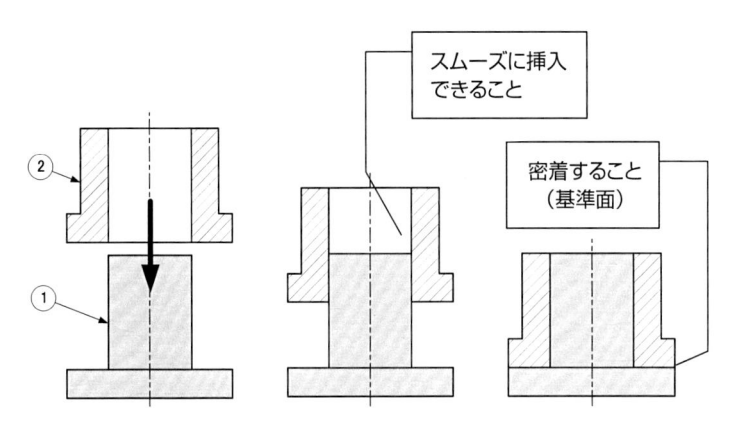

図2-3　2部品のはめあい構造（隙間ばめ）

最初に最大実体公差方式を指示しない、一般的な幾何公差指示から確認します。
はめあい構造から密着面である台座の上面をデータムとし、台座の上にある円柱の中心線に直角度φ0.1mmを指示した図を考えます。

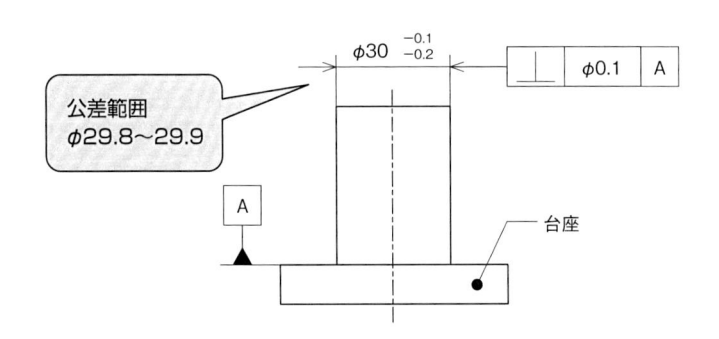

図2-4　通常の幾何公差指示の図面（軸の場合）

軸の実効寸法は、最大実体寸法に幾何偏差を加えることによって求めることができます。

軸の実効寸法＝最大実体寸法 ＋ 幾何偏差＝φ30.0

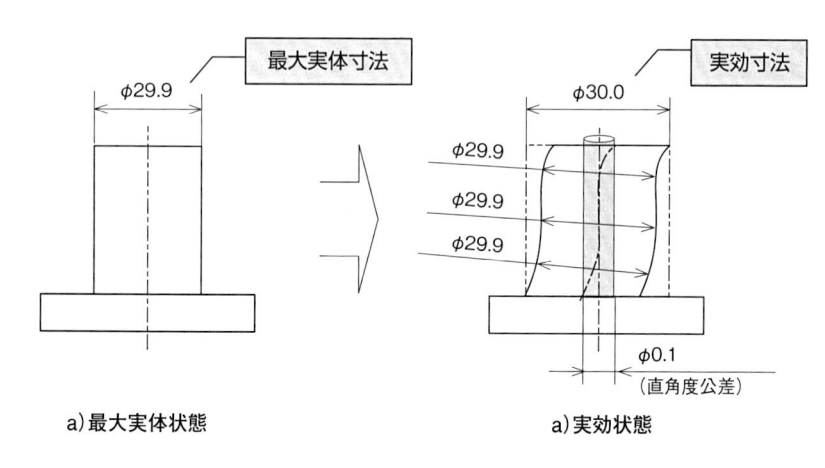

a)最大実体状態　　　　　　　　　　a)実効状態

図2-5　軸の実効状態から実効寸法を求める

側面から見るとイメージしにくいかもしれませんので、円形方向から見た図でも理解してみましょう。

隙間ばめにとって、軸の最も条件が悪い寸法は最大実体寸法です。

軸が最大実体寸法φ29.9で形体ができた場合を想定し、幾何特性の崩れを許す範囲内であれば、どこに形体が存在してもよいので、下記のような範囲が想定できます。

軸の実効寸法は、軸が存在できる領域の外径部分（φ30.0）であることがわかりました。

幾何特性の許容範囲　　最大実体寸法の軸が幾何偏差内　　最大実体寸法時の実効寸法
　　　　　　　　　　　でばらついた場合を検証

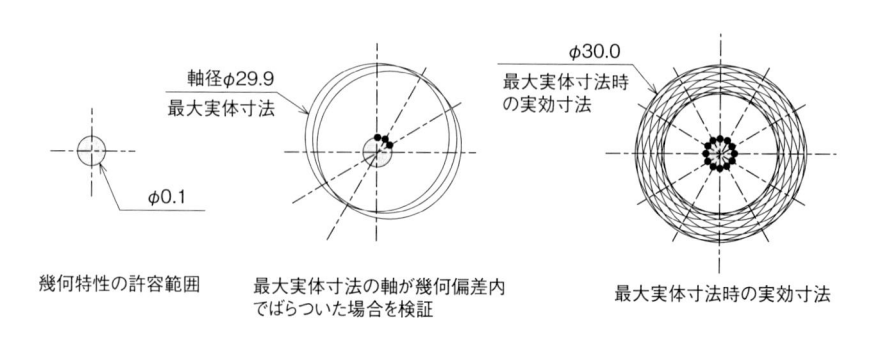

図2-6　軸の実効寸法の成り立ち

次に、軸の相手部品も同じ設計意図をもって、対応させるように図面を作成します。

最大実体公差方式を指示しない、一般的な幾何公差指示から確認します。

相手部品との接触面をデータムとし、穴の中心線に直角度φ0.1mmを指示します。

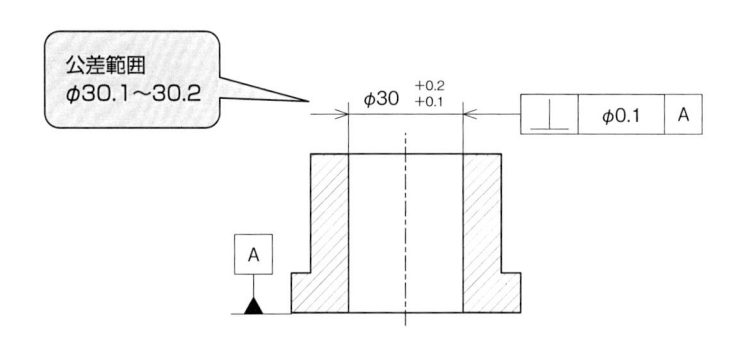

公差範囲 φ30.1〜30.2

φ30 +0.2/+0.1

⊥ φ0.1 A

A

図2-7　通常の幾何公差指示の図面(穴の場合)

穴の場合も、同じで、最大実体寸法に幾何公差を足すだけでええんとちゃうん？

それが違うんや！軸の場合は足し算やったけど、穴の場合は引き算になるんやで！

第2章　どないしたら幾何公差だけ増やせんねん！

穴の実効寸法は、最大実体寸法から幾何偏差を引くことによって求めることができます。

　　穴の実効寸法＝最大実体寸法－幾何偏差＝φ30.0

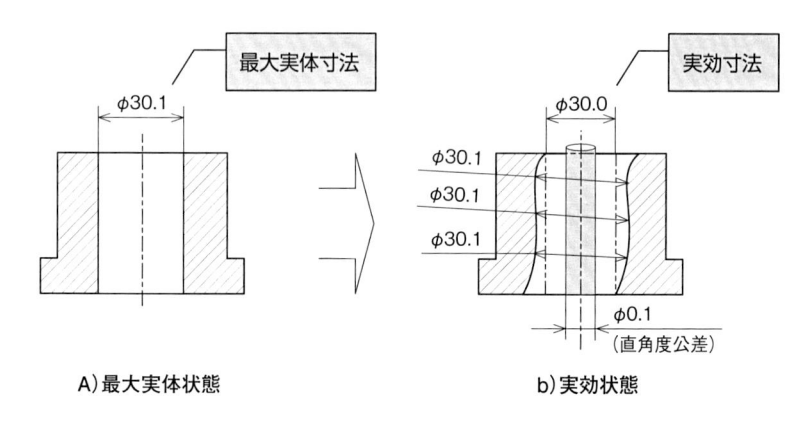

図2-8　穴の実効状態から実効寸法を求める

　軸の場合と同様に、側面から見るとイメージしにくいかもしれませんので、円形方向から見た図でも理解してみましょう。
　隙間ばめにとって、穴の最も条件が悪い寸法は最大実体寸法です。
　穴の最大実体寸法φ30.1で形体ができた場合を想定し、幾何特性の崩れを許す範囲内であれば、どこに形体が存在してもよいので、下記のような範囲が想定できます。
　穴の実効寸法は、穴が貫通する領域の内径部分（φ30.0）であることがわかりました。

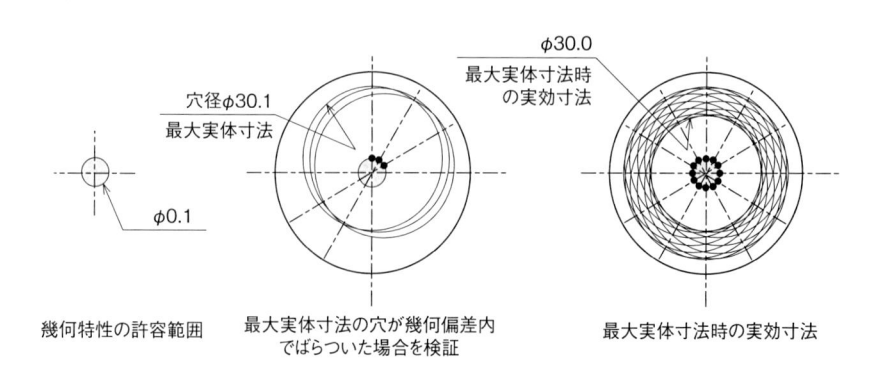

図2-9　穴の実効寸法の成り立ち

それでは、次に最大実体公差を指示した場合を考えてみましょう。

サイズ形体である円柱の中心線に直角度φ0.1mmを指示し、その後にⓂを追加したものです。

これによって、円柱の直径のみ独立の原則に従わない最大実体公差方式が適用されることになります。

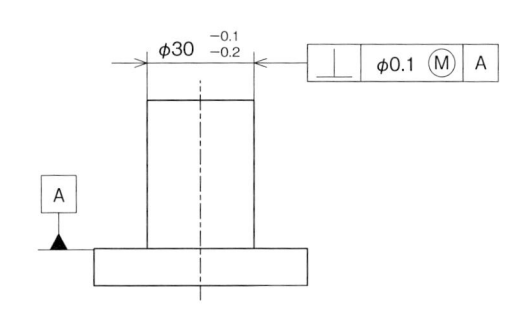

図2-10 軸に最大実体公差を指示した図面

幾何公差の
数値の後に
Ⓜを追加した
だけやな…

最大実体公差の目的は、相手部品にはめあうという機能を満足させることです。したがって、最大実体寸法から離れた寸法に仕上がる（軸の直径が小さめにできる）ほど、組付けに対するマージン（余裕）が増えることになります。

　ここで、幾何偏差は最大ばらつくということを前提に、最小実体寸法で部品ができた場合を想定してみましょう。

　このときの部品が占有する領域は、実効寸法より寸法公差の差分、小さくなることが下図よりわかります。

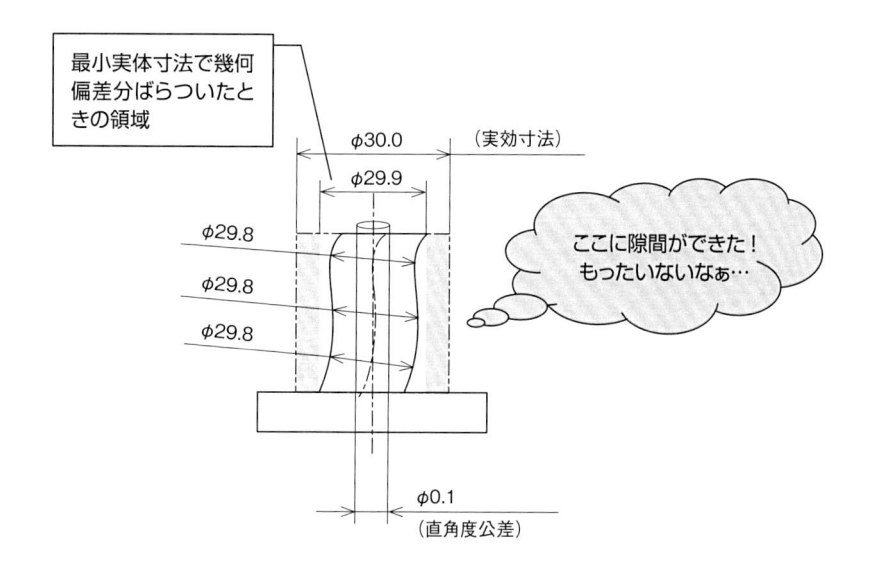

図2-11　軸の最大実体公差方式の考え方(1)

出来上がりの寸法	φ29.90 (MMC)	φ29.88	φ29.86	φ29.84	φ29.82	φ29.80 (LMC)
隙間マージン	0	0.02	0.04	0.06	0.08	0.10

はめあいに対する隙間マージンを有効に使えないかと考えられたものが最大実体公差方式で、アメリカでは"ボーナス公差"と呼ばれます。

　最大実体公差方式とは、「最大実体寸法のときは、図面に指示した幾何公差をきっちりと守りましょう。その代わり、最大実体寸法から離れた差分だけ、はめあいの隙間マージンが増えるので、その差分を幾何公差にボーナスとしてONしてあげましょう」という考え方です。

（図：最大実体公差時の幾何公差＝φ0.1／最小実体公差時の幾何公差＝φ0.2）

a）最大実体寸法でできた場合　　b）最小実体寸法でできた場合

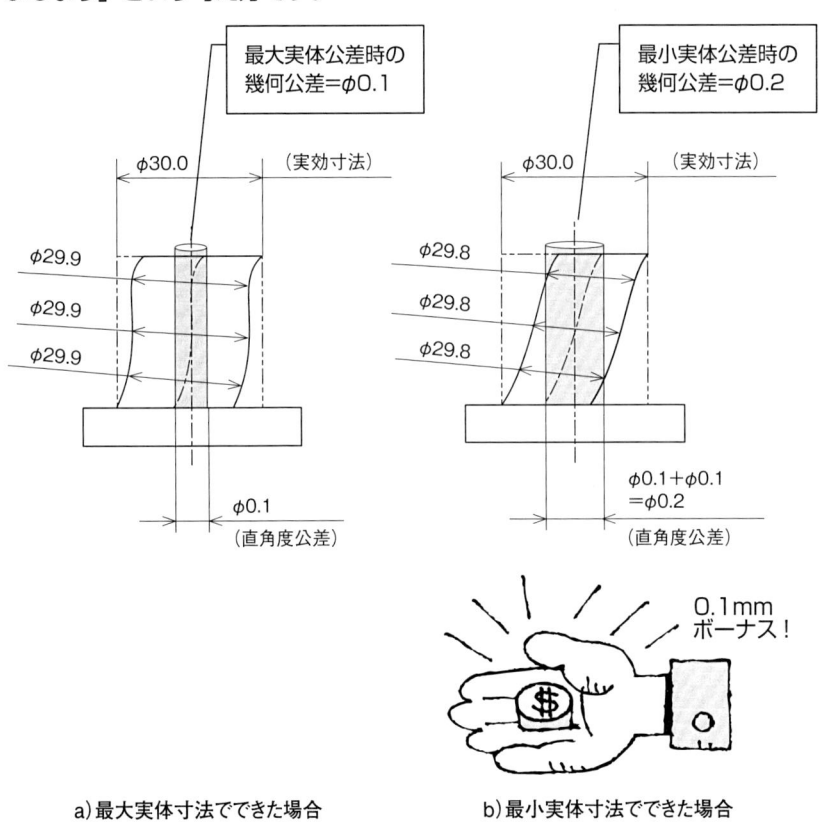

図2-12　軸の最大実体公差方式の考え方（2）

同様に、相手部品の図面を描いてみましょう。

サイズ形体である穴の中心線に直角度φ0.1mmを指示し、その後にⓂを追加したものです。

これによって、穴の直径のみ独立の原則に従わない最大実体公差方式が適用されることになります。

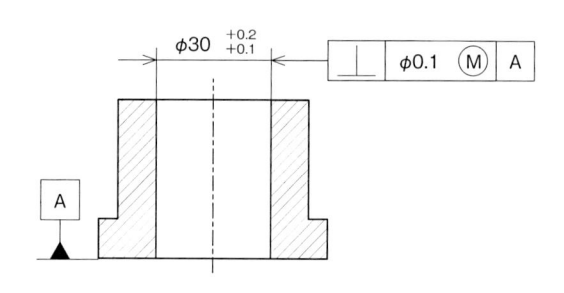

図2-13　穴に最大実体公差を指示した図面

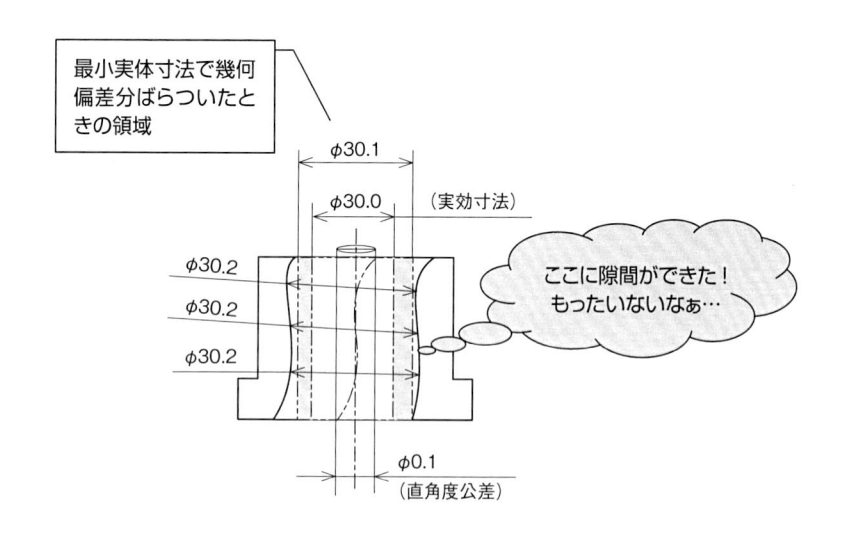

図2-14　穴の最大実体公差方式の考え方(1)

出来上がりの寸法	φ30.10 (MMC)	φ30.12	φ30.14	φ30.16	φ30.18	φ30.20 (LMC)
隙間マージン	0	0.02	0.04	0.06	0.08	0.10

穴の場合も軸と同様に、最大実体状態から離れた差分だけをボーナス公差として幾何公差にONすることができます。

最大実体公差時の幾何公差＝φ0.1

最小実体公差時の幾何公差＝φ0.2

φ30.0
φ30.1
φ30.1
φ30.1
φ0.1
（直角度公差）

φ30.0
φ30.2
φ30.2
φ30.2
φ0.1＋φ0.1＝φ0.2
（直角度公差）

0.1mmボーナス！

a）最大実体寸法でできた場合　　b）最小実体寸法でできた場合

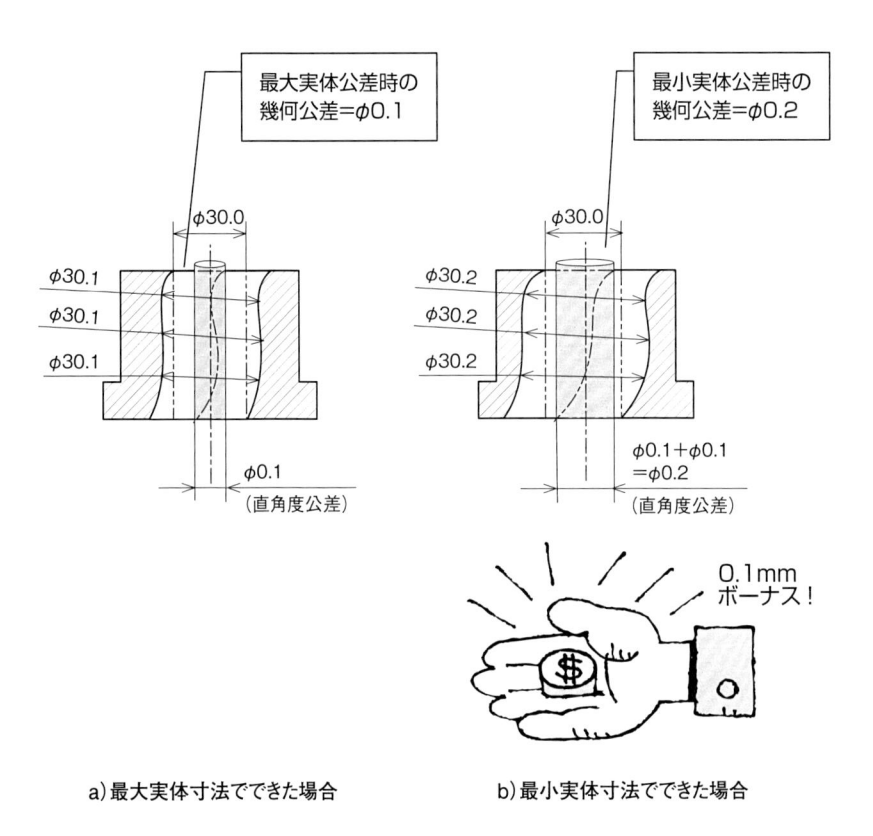

図2-15　穴の最大実体公差方式の考え方（2）

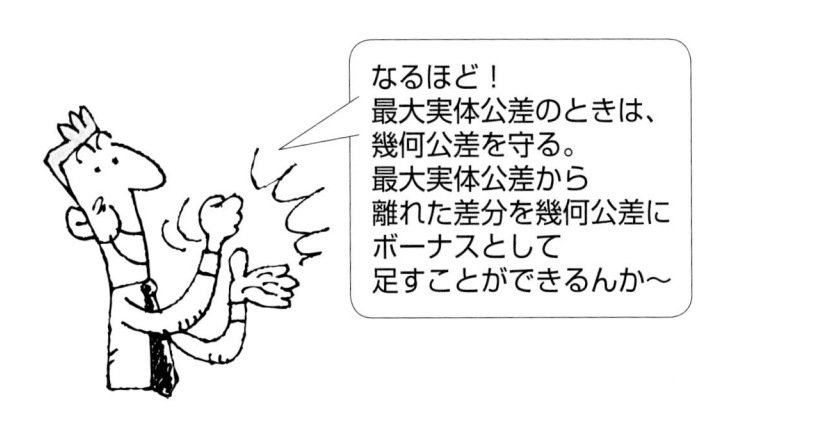

なるほど！
最大実体公差のときは、幾何公差を守る。
最大実体公差から離れた差分を幾何公差にボーナスとして足すことができるんか〜

第2章　どないしたら幾何公差だけ増やせんねん！

第2章 2 最大実体公差方式をビジュアル化する動的公差線図

前項のように、寸法公差や幾何公差の変化を図形として表現してもよいのですが、手間がかかります。しかも、寸法は最大実体寸法から最小実体寸法まで、どの寸法でできあがるのかさえわからない状況だからです。

そこで、もう少しビジュアルに理解しやすいよう、寸法公差と幾何公差の公差領域の変化をアナログ的に表した動的公差線図と呼ばれるツールを紹介します。

前項で示した軸と穴の関係（スムーズに精度よくはめあうという機能）を整理してみましょう。

【寸法公差だけでみた最悪条件】
　軸の直径が最大、穴の直径が最小のとき、はめあいの隙間が最小
　　⇒この隙間が寸法マージンとなる

【寸法公差だけでみた最良条件】
　軸の直径が最小、穴の直径が最大のとき、はめあいの隙間が最大

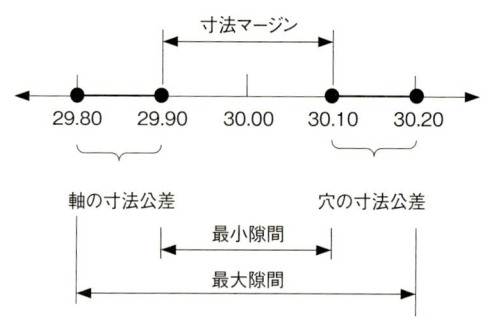

図2-16　寸法公差だけの関係を表した線図

あれっ？
最悪条件でも
寸法マージンがあるから、
まだ詰めれますやん？

寸法だけを見たら、
マージンがあるけど、
幾何特性の崩れも
考慮せなあかんのや！

次に、寸法公差に加えて幾何特性の崩れも考慮して線図に書き加えてみましょう。
寸法マージン分を、2部品の幾何特性に均等に分配すると、それぞれ0.1mmとなることがわかります。

【幾何公差まで考慮した最悪条件】
軸の直径が最大、穴の直径が最小、かつ直角度のずれが最大

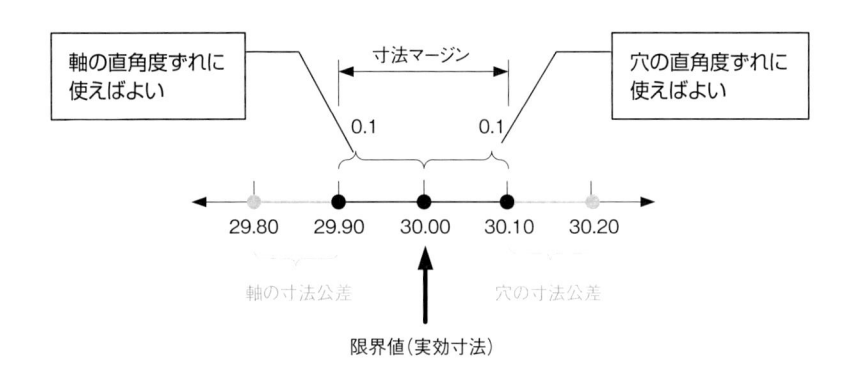

図2-17　寸法マージンを2部品に直角度として分配

幾何特性の崩れは、どの寸法公差でできようとも発生する可能性があるものです。
そこで、横軸を寸法のばらつき、縦軸を幾何特性のばらつきとすると、寸法公差と幾何公差を同時に表すことができます。

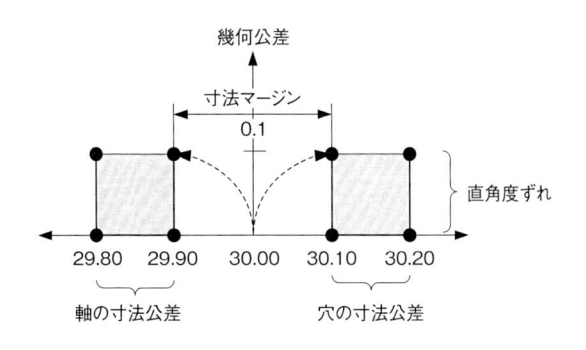

図2-18　寸法と幾何公差を同時に表現した線図

ここで、最大実体公差方式とは、どういうものでであったかを思い出してみましょう。
・最大実体寸法でできたとき、幾何特性の公差値を守る
・最大実体寸法から離れた分だけ寸法マージンが増えるので、そのマージン分を幾何公差にボーナス公差としてONする

　上記の考えを、線図に加えると下記のようになり、これを動的公差線図といいます。

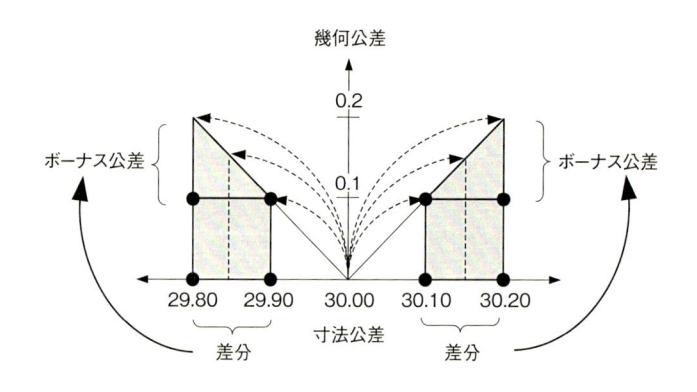

図2-19　最大実体公差を表す動的公差線図

動的公差線図を描くと、アナログ的に理解できてイメージしやすいやん！

φ(@°▽°@) メモメモ

動的公差線図から見る2部品の寸法公差設計

動的公差線図を見ると、寸法公差と幾何公差の合成を表す斜線は、必ず2部品の最大実体寸法の中間位置(実効寸法)で一致するように設計されています。

最大実体公差方式は、第5章以降で解説する「機能ゲージ」を使用して検査を行うため、一般的に設計上タブーとされている2部品の寸法が、ゼロゼロの関係になってもはめあいを保証できるからです。

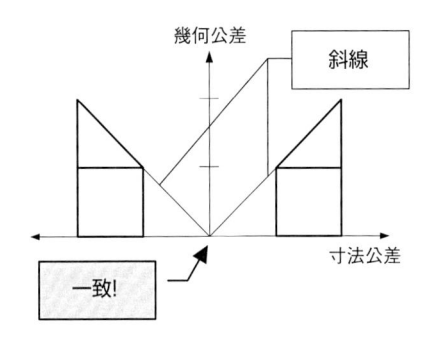

したがって、下図のように、動的公差線図を描いてみて、穴と軸の斜線同士が重なっていると、2つの部品は互いに隙間をもって挿入することができない場合が発生することを意味します。

逆に、穴と軸の斜線同士に隙間ができた場合は、問題なく隙間をもって挿入することができますが、製品のダウンサイジング化(小型化)に貢献する設計とはいえなくなります。

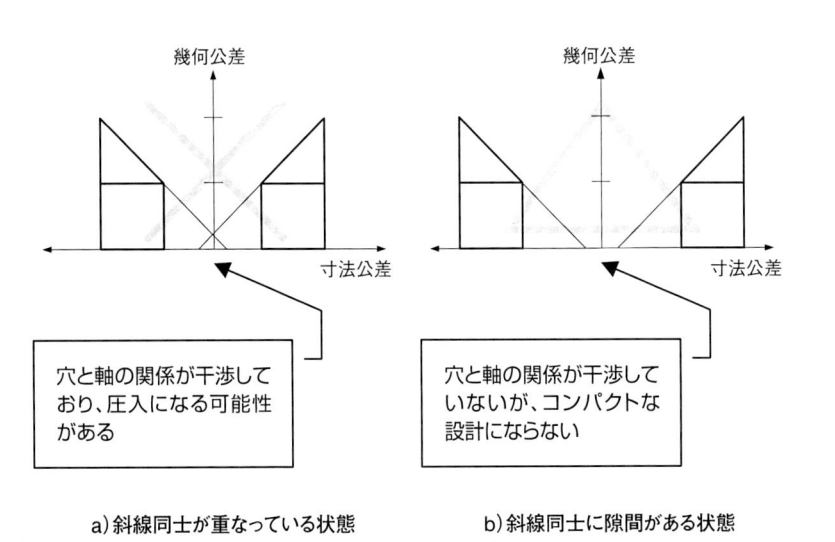

穴と軸の関係が干渉しており、圧入になる可能性がある

穴と軸の関係が干渉していないが、コンパクトな設計にならない

a) 斜線同士が重なっている状態   b) 斜線同士に隙間がある状態

第2章　どないしたら幾何公差だけ増やせんねん!

第2章のまとめ

第2章で学んだこと

　最大実体公差方式とは、隙間をもった精度の高いはめあい機能を目的とした部品に適用できることがわかりました。寸法公差を厳守したうえで、最大実体寸法から離れた場合に限って、最大実体寸法との差分を幾何公差にONできる、ボーナス公差であることを知りました。

わかったこと

　最大実体公差とは

［2部品間での組みつけに使う］→［最大実体寸法で幾何公差を守る］→［最大実体公差との差分を利用］→［差分だけを幾何公差を増加できる］→［最大実体公差適用はⓂを記入する］

- 最大実体公差方式は、寸法公差は絶対厳守、幾何公差だけを増加できる
- 増加できる幾何公差分を、アメリカではボーナス公差と呼ぶ
- 実効状態とは、最大実体寸法と幾何偏差を合わせた完全状態の領域をいう
- 最大実体公差方式は、サイズ形体のみに使うことができる
- 最大実体公差方式は、サイズ形体ではない表面や母線には適用できない
- 最大実体公差方式をビジュアル化するツールを動的公差線図という

次にやること

　最大実体公差方式の基本的な考え方が理解できたと思います。次に、応用力を向上させるため、幾何特性別に最大実体公差方式の理解をさらに深めましょう。

第3章

最大実体公差って、どの幾何特性に使ったらええねん!
～形状公差・姿勢公差編～

> とりあえず、コストダウンできそうやから、何でもⓂを指示しとけばええんとちゃうん?

(ノ≧o≦)ノ ┫゜・∴。

> 最大実体公差方式は、中心線あるいは中心平面を指示するサイズ形体にのみ適用できます。したがって、全ての幾何特性に指示できるわけではないのです。

(*￣∀￣)"b" チッチッチッ

3-1	全ての幾何特性に使えるわけではない最大実体公差
3-2	真直度に最大実体公差方式を適用した例
3-3	直角度に最大実体公差方式を適用した例
3-4	平行度に最大実体公差方式を適用した例
3-5	傾斜度に最大実体公差方式を適用した例

第3章 1 全ての幾何特性に使えるわけではない最大実体公差

　最大実体公差の採用には、「寸法公差と幾何公差とが相互に依存する部品同士の組み付けを妨げることなく部品製作を容易にする」という理由があります。

　このように最大実体公差は、経済的利点をもたらしますが、逆に欠点となることもあるので、次の場合には適用することができません。

- リンクや歯車など中心間距離が重要機能を持つ運動機構
- ねじ穴
- しまりばめ（圧入）など、物理的に互換性を求めることができないもの

　また、全ての幾何特性について適用できるわけではなく、中心線や中心平面をもつサイズ形体のみに適用できるのです。

表3-1　最大実体公差方式を適用できる幾何特性、できない幾何特性

幾何公差	記号	最大実体公差方式の適用性	幾何公差	記号	最大実体公差方式の適用性
真直度公差	─	**適用可** 幾何特性を中心線または中心平面に指示したサイズ形体に適用できる	平面度公差	▱	**適用不可** これらの幾何特性は全て、表面または母線指示となるため、適用してはいけない
直角度公差	⊥		真円度公差	○	
平行度公差	//		円筒度公差	⌭	
傾斜度公差	∠		線の輪郭公差	⌒	
同軸度公差	◎	**適用不可** 表面または母線に指示した場合、適用してはいけない	面の輪郭公差	⌓	
対称度公差	═		円周振れ公差	↗	
位置度公差	⊕		全振れ公差	⤢	

　それでは、表3-1の中で最大実体公差方式を適用できる幾何特性はどう使えばよいのか、あるいは間違った使い方とはどのようなものか、代表的な事例を使って紹介していきます。

φ(@°▽°@)　メモメモ

　ASME（アメリカ機械学会）の規格では、平面度はサイズ形体として中心平面に指示することを認めているため最大実体公差を適用することができます。
　逆に、同軸度／同心度と対称度はサイズ形体であるにも拘らず最大実体公差の適用を認めていません。

第3章 2 真直度に最大実体公差方式を適用した例

真直度の定義（JIS B 0621）
真直度（Straightness）とは、直線形体の幾何学的に正しい直線からの狂いの大きさをいう。

真直度は、基本的な概念である"真っ直ぐ"に対して、どれだけ反ったりうねったりしてもよいかを表現するものです。

真直度公差は、中心線指示と母線指示のどちらでも指示ができるので、最大実体公差方式を適用する場合に、これらに注意して図面を描かなければいけません。

真直度に最大実体公差方式を適用する事例を下記に示します。

ハウジング①にシャフト②を隙間ばめで、精度よくはめあう構造を考えます。穴と軸それぞれに反りやうねりがあると、ハウジングにシャフトを挿入できない可能性があります。

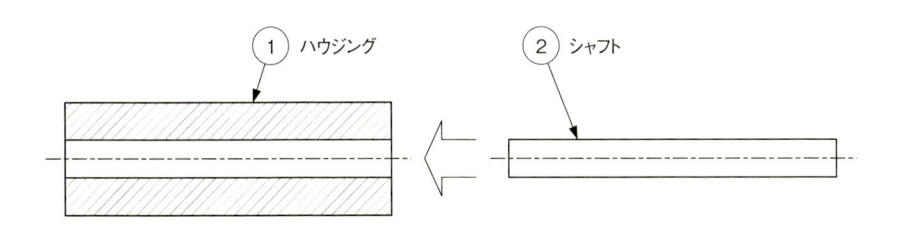

図3-1　2部品のはめあい構造

(/▽\) いまさら聞けない?

中心線と母線
中心線とは、丸い形状や多角形形状など形体の中央に存在する仮想の線分をいいます。寸法（サイズ）が変わると中心線の位置は変化します。

母線とは、丸い形状や多角形形状など形体の表面に存在する任意の1本の線分をいいます。表面の線なので、寸法（サイズ）に依存しません。数学用語では、「円柱や円錐などの回転体の側面を作る線分のこと」と定義されます。

はめあい公差を考える場合、はじめに穴の寸法公差を決め、穴を基準として軸の寸法公差を調整して決めることが一般的です。これを「はめあいの穴基準方式」と呼びます。一般的に精度の高い穴の加工は軸の加工に比べて難しくなりますが、"リーマ"を使うことで容易に精度の高い穴を加工でき、加工しやすい軸側で設計意図に合わせて自由に寸法公差を設定できるからです。

寸法公差を決める一つの考え方を下記に示します。
① 穴の直径…はめあいの穴基準方式を採用し、「φ60H7（0〜+0.030）」で固定する。
② 幾何特性のずれを考慮し寸法マージンを与える。
③ 軸の直径…寸法マージンを考慮し、「φ60f7（-0.030〜-0.060）」とする。

軸の寸法公差 φ60f7 $\begin{pmatrix} -0.030 \\ -0.060 \end{pmatrix}$　穴の寸法公差 φ60H7 $\begin{pmatrix} +0.030 \\ 0 \end{pmatrix}$

59.940　59.970　(59.985)　60.000　60.030

寸法マージン

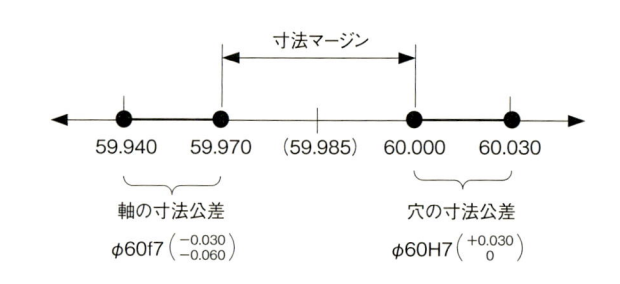

図3-2　2部品の寸法公差の考え方

穴も軸も
はめあい公差は
7級やから、
公差レンジ(幅)は
30μmや！

したがって、穴径とシャフト径の寸法公差だけに着目して、寸法マージンを計算すると、60.000 － 59.970 ＝ 0.030 となり、この数値を2部品で等分に分配すると幾何公差値は0.015mmとなります。

※生産技術などと調整のうえ幾何公差値としての妥当性を判断してください。

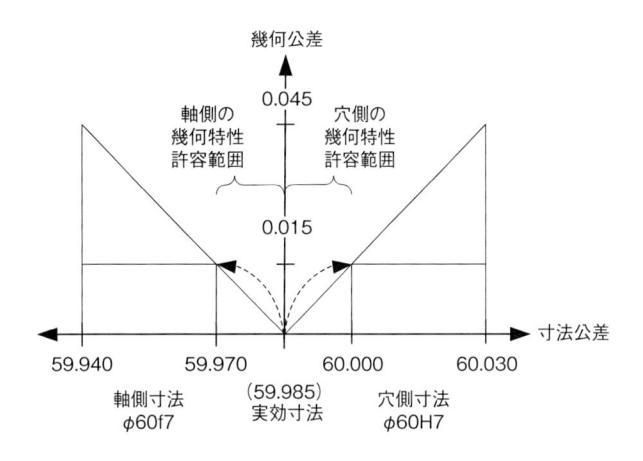

図3-3　真直度の場合の動的公差線図

【 ご 注 意 】

以降、本書で解説する寸法公差と幾何公差の数値は、理解しやすくなるようキリのよい数値を使用しています。これらの数値は加工上、かなり厳しい値となりますので、実務設計においては、製造部門と調整して数値を決めるようにしてください。

下図は、ハウジング①の穴の中心線に真直度公差を指示した図面です。穴は寸法公差をもち中心線に幾何特性を指示していることからサイズ形体であるため、最大実体公差方式を適用することができます。

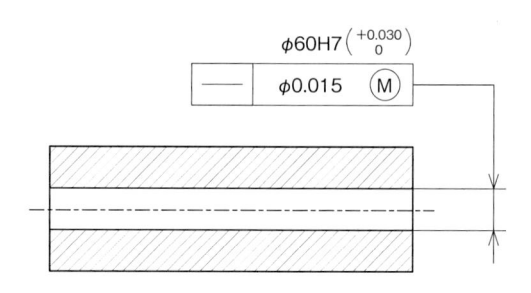

図3-4　真直度の最大実体公差指示例（穴の場合）

　動的公差線図よりボーナス公差は下記のように変化します。

出来上がりの寸法	φ60.000 (MMC)	φ60.010	φ60.020	φ60.030 (LMC)
幾何公差値	φ0.015	φ0.025	φ0.035	φ0.045

　下図は、シャフト②の中心線に真直度公差を指示した図面です。軸は寸法公差をもち中心線に幾何特性を指示していることからサイズ形体であるため、最大実体公差方式を適用することができます。

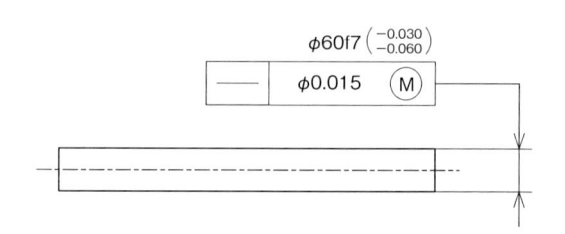

図3-5　真直度の最大実体公差指示例（軸の場合）

　動的公差線図よりボーナス公差は下記のように変化します。

出来上がりの寸法	φ59.970 (MMC)	φ59.960	φ59.950	φ59.940 (LMC)
幾何公差値	φ0.015	φ0.025	φ0.035	φ0.045

- **最大実体公差方式として使えない真直度**

　下図はどちらも母線指示であり、サイズ形体ではないため、最大実体公差方式を指示することは許されません。

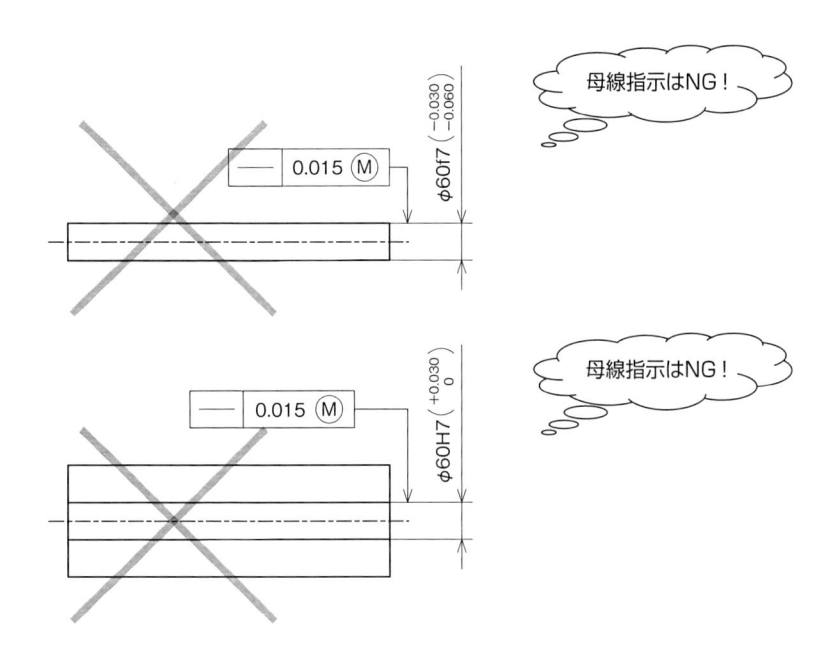

図3-6　最大実体公差の誤った指示例（真直度の場合）

第3章 3 **直角度に最大実体公差方式を適用した例**

直角度の定義（JIS B 0621）

直角度（Perpendicularity）とは、データム直線又はデータム平面に対して直角な幾何学的直線又は幾何学的平面からの直角であるべき直線形体又は平面形体の狂いの大きさをいう。

直角度に最大実体公差方式を適用する事例を下記に示します。
互いの基準面を密着させることを前提に、ハウジング①にピン②をはめあう構造を考えます。したがって、直角度が崩れていると、穴と軸を挿入した際に基準面が密着にならず、傾きによって隙間が開く可能性があります。

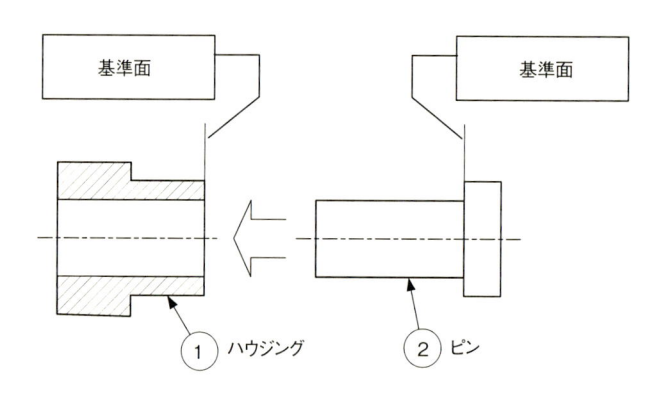

図3-7　2部品のはめあい構造

真直度の構造と同じとちゃうん？

基準面を密着させるっていう条件が入るから、直角度を指示するんやで！

直角度は、データムを必要とする幾何特性ですが、はめあい部分のみに着目し、公差を決めていきます。

　寸法公差を決める一つの考え方を下記に示します。
① 穴の直径…はめあいの穴基準方式を採用し、「φ60H7（0～+0.030）」で固定する。
② 幾何特性のずれを考慮し寸法マージンを与える。
③ 軸の直径…寸法マージンを考慮し、「φ60f7（-0.030～-0.060）」とする。

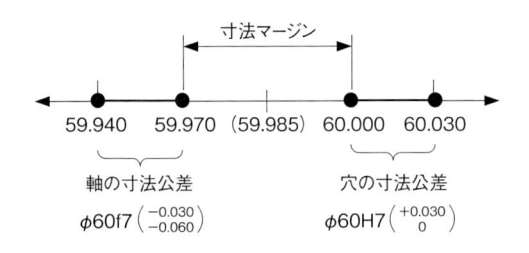

図3-8　2部品の寸法公差の考え方

　したがって、穴径とシャフト径の寸法公差だけに着目して、寸法マージンを計算すると、60.00 － 59.970 ＝ 0.030となり、この数値を2部品で等分に分配すると幾何公差値は0.015mmとなります。
※生産技術などと調整のうえ幾何公差値としての妥当性を判断してください。

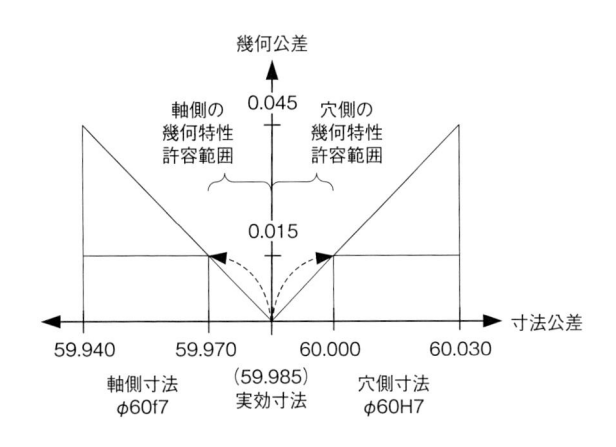

図3-9　直角度の場合の動的公差線図

右図は、ハウジング①のピン②と接触させる面をデータムとし、穴の中心線に直角度公差を指示した図面です。穴は寸法公差をもち中心線に幾何特性を指示していることからサイズ形体であるため、最大実体公差方式を適用することができます。

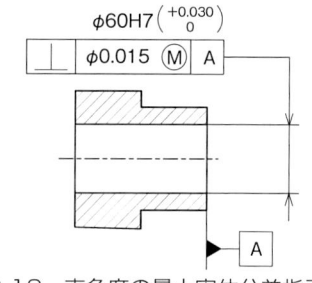

図3-10　直角度の最大実体公差指示例
（穴の場合）

動的公差線図よりボーナス公差は下記のように変化します。

出来上がりの寸法	φ60.000 (MMC)	φ60.010	φ60.020	φ60.030 (LMC)
幾何公差値	φ0.015	φ0.025	φ0.035	φ0.045

右図は、ピン②のハウジング①と接触させる面をデータムとし、挿入する軸の中心線に直角度公差を指示した図面です。軸は寸法公差をもち中心線に幾何特性を指示していることからサイズ形体であるため、最大実体公差方式を適用することができます。

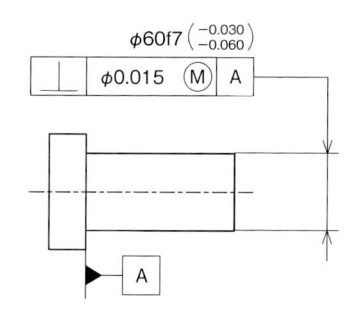

図3-11　直角度の最大実体公差指示例
（軸の場合）

動的公差線図よりボーナス公差は下記のように変化します。

出来上がりの寸法	φ59.970 (MMC)	φ59.960	φ59.950	φ59.940 (LMC)
幾何公差値	φ0.015	φ0.025	φ0.035	φ0.045

φ(＠°▽°＠)　メモメモ

最大実体公差とデータムの有無

　真直度は形状公差であるため、データムを必要としませんでした。しかし形状公差以外はデータムを必要としますが、動的公差線図や図面指示に違いはなくデータムの有無に拘らず最大実体公差方式を適用できます。

・最大実体公差方式として使えない直角度

下図はどちらも母線指示であり、サイズ形体ではないため最大実体公差方式を指示することは許されません。

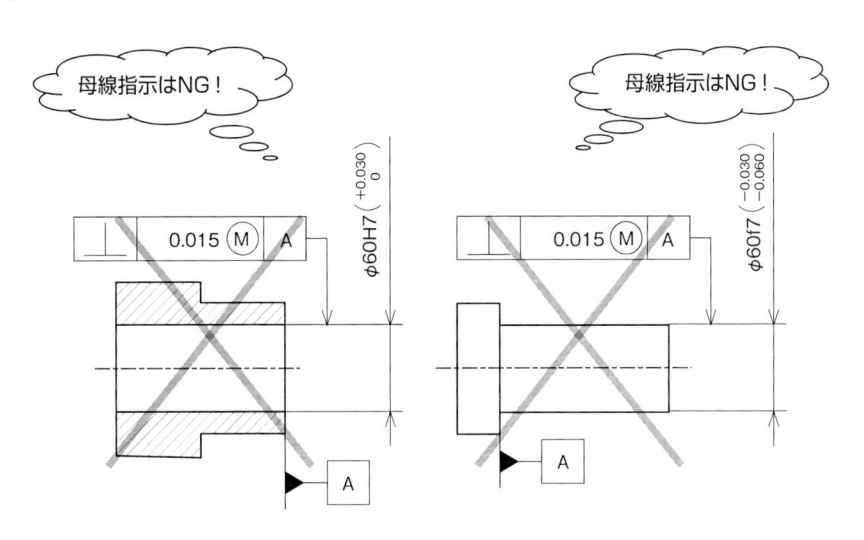

図3-12　最大実体公差の誤った指示例（直角度の場合）

本例は丸軸と丸穴のはめあい構造でしたが、四角いブロックの幅寸法でも中心平面に幾何特性を指示するとサイズ形体となるため最大実体公差方式を適用できます。しかし、サイズ形体でない表面に指示した場合は、誤りになります。

a) 中心平面に指示した例
（サイズ形体）

b) 表面に指示した例
（サイズ形体ではない）

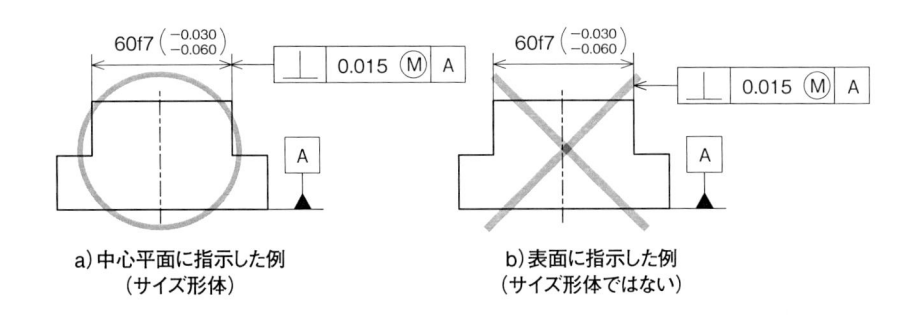

図3-13　幅形状に最大実体公差を適用したときの可否

| 第3章 | 4 | 平行度に最大実体公差方式を適用した例 |

平行度の定義（JIS B 0621）

平行度（Parallelism）とは、データム直線又はデータム平面に対して平行な幾何学的直線又は幾何学的平面からの平行であるべき直線形体又は平面形体の狂いの大きさをいう。

平行度に最大実体公差方式を適用する事例を下記に示します。

形体の下側に配置した互いの穴と軸を基準として、ハウジング①の上側の穴にブロックピン②の上側のピンをはめあう構造を考えます。平行度は基準と上側の穴、あるいは基準と上側のピンの位置を規制するものではないため、ハウジングの一方の穴は、基準との位置ばらつきを許容できるよう縦の長穴にしています。

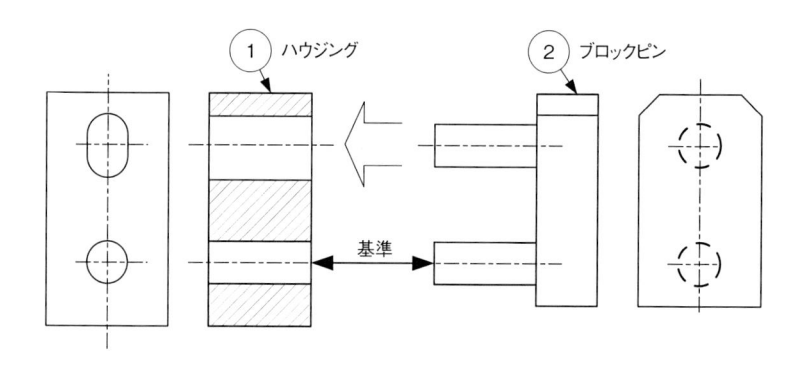

図3-14　2部品のはめあい構造

下図のように、基準に対して左右方向の平行度が崩れていると、2つの穴と軸は挿入できない可能性があります。

　ハウジングを長穴に設計できない理由がある場合は、第4章で説明する位置度公差を使います。

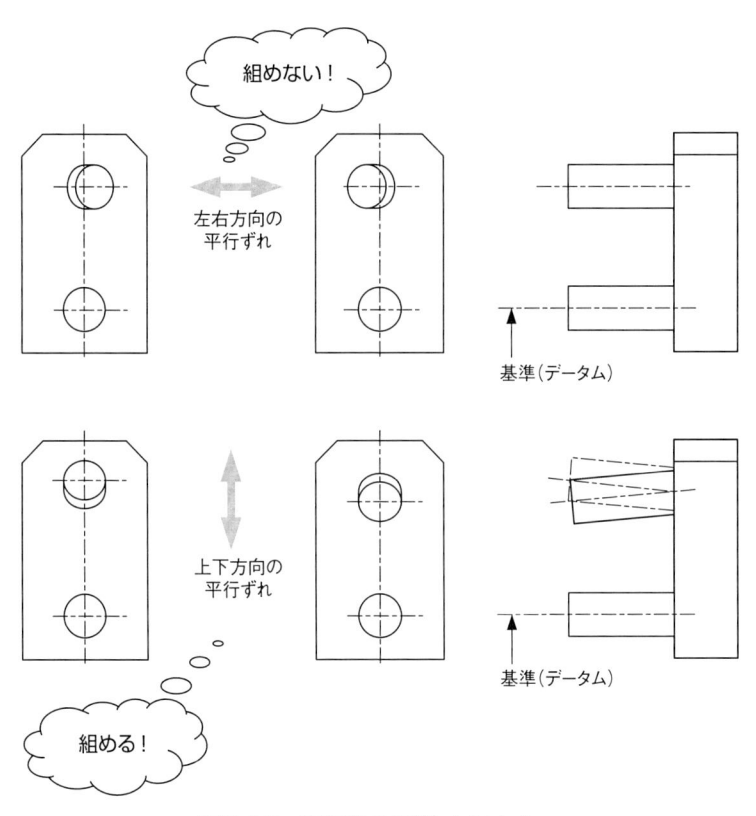

図3-15　平行度の規制したい方向

上下方向の位置ずれを考慮して、穴側は長穴にしてるんや！
軸側は、上下より左右方向の平行度が重要になるねん！

平行度は、データムを必要とする幾何特性ですが、はめあい部分のみに着目し、公差を決めていきます。

　寸法公差を決める一つの考え方を下記に示します。
① 穴の直径…はめあいの穴基準方式を採用し、「φ60H7（0〜+0.030）」で固定する。
② 幾何特性のずれを考慮し寸法マージンを与える。
③ 軸の直径…寸法マージンを考慮し、「φ60f7（-0.030〜-0.060）」とする。

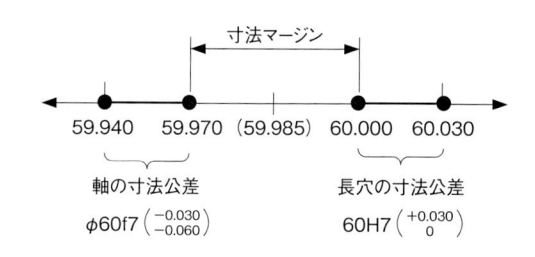

図3-16　2部品の寸法公差の考え方

　したがって、穴径とシャフト径の寸法公差だけに着目して、寸法マージンを計算すると、60.00-59.970＝0.030となり、この数値を2部品で等分に分配すると幾何公差値は0.015mmとなります。
※生産技術などと調整のうえ幾何公差値としての妥当性を判断してください。

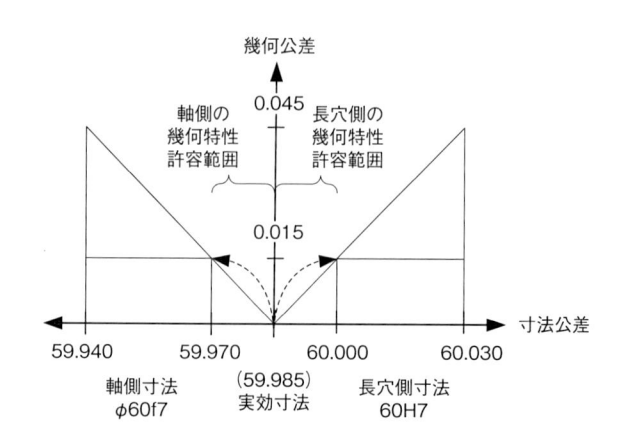

図3-17　平行度の場合の動的公差線図

この平行度の事例は、特徴があります。
それは、データムがサイズ形体であるということです。
平行度を指示する形体と同時に、データム同士もはめあう必要があります。

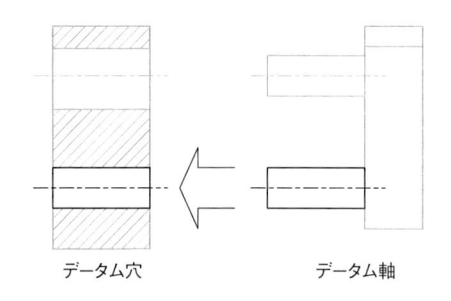

図3-18 サイズ形体をもつデータム形体

　基準となる穴に基準となる軸が挿入できればよいという条件のため、データムを指示する前にそれぞれの形体に真直度公差を指示し、最大実体公差も適用することができます。

> 本書では、図の煩雑さが増えることを嫌い、「包絡の条件」を使った指示とします。

データム同士のはめあい公差の考え方は、次のように考えることができます。
① ハウジングの穴直径…「$\phi60H7$（0〜+0.030）」で固定する。
② 独立の原則に従うと反りが懸念されるため、包絡の条件を使って、「$\phi60H7$ Ⓔ」と指示することにより、穴の完全状態の包絡面は$\phi60.0$となる。
③ 軸の直径…「$\phi60h7$（0〜-0.030）」とする。
④ 穴と同様に包絡の条件を使って、「$\phi60h7$ Ⓔ」とすると、軸の完全状態の包絡面は$\phi60.0$となる。

　したがって、互いの寸法が最悪ゼロゼロの状態となりますが、第5章で説明する機能ゲージを使って検査することを前提とし、組立は保証できると判断します。

> へ〜！
> 包絡の条件って、
> こうやって使う
> こともできるんか〜

右図は、ハウジング①の下側の穴の中心線をデータムとし、上側にある長穴の横幅の中心平面に平行度公差を指示した図面です。長穴の横幅は寸法公差を持ち中心平面に幾何特性を指示していることからサイズ形体であるため、最大実体公差方式を適用することができます。

　幅寸法なので寸法公差と幾何公差に φ は付きません。

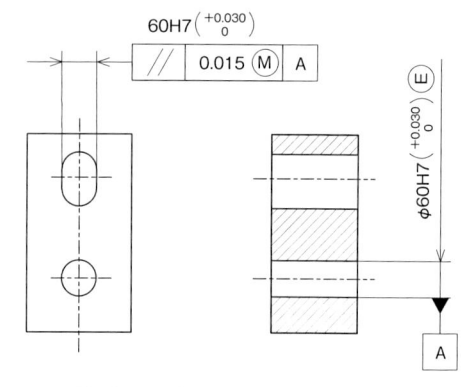

図3-19　平行度の最大実体公差指示例(穴の場合)

動的公差線図よりボーナス公差は下記のように変化します。

出来上がりの寸法	60.000 (MMC)	60.010	60.020	60.030 (LMC)
幾何公差値	0.015	0.025	0.035	0.045

　ブロックピン②の上側のピンの中心線に対して幾何特性を与えるわけですが、相手部品の穴が縦に長穴となっているため、ピンの縦方向の平行度は厳しくする必要がありません。しかし、将来的に流用部品として活用されるかもしれないと想定し、今回は、ピンの中心線の全周方向に平行度公差を指示することとしました。

　軸は寸法公差をもち中心線に幾何特性を指示していることからサイズ形体であるため、最大実体公差方式を適用することができます。

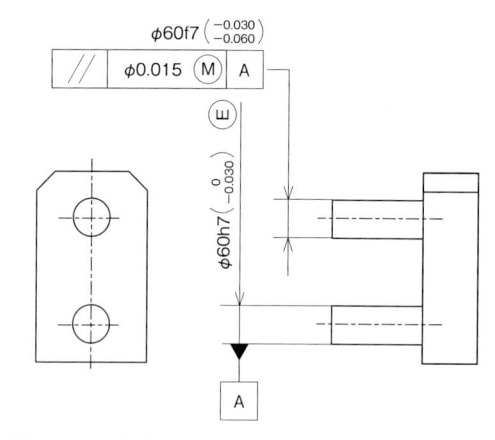

図3-20　平行度の最大実体公差指示例(軸の場合)

動的公差線図よりボーナス公差は下記のように変化します。

出来上がりの寸法	φ59.970 (MMC)	φ59.960	φ59.950	φ59.940 (LMC)
幾何公差値	φ0.015	φ0.025	φ0.035	φ0.045

・**最大実体公差方式として使えない平行度**

下図は表面あるいは母線指示であり、サイズ形体ではないため最大実体公差方式を指示することは許されません。

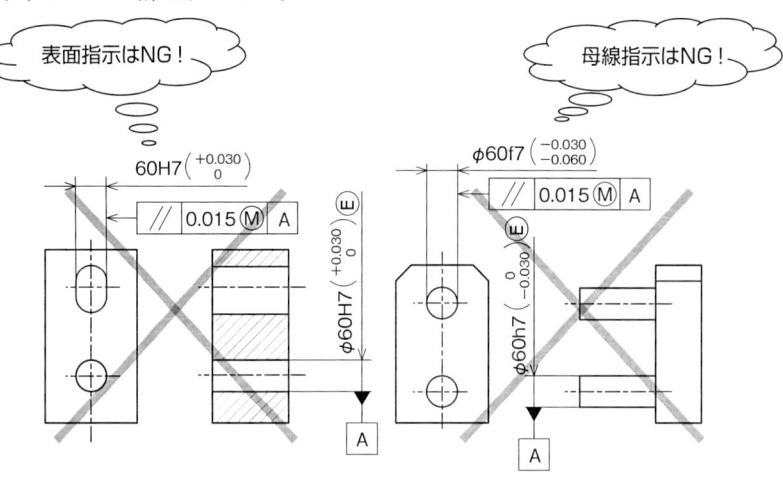

表面指示はNG！　　　　　　　　　母線指示はNG！

図3-21　最大実体公差の誤った指示例（平行度の場合）

本例は丸軸と長穴のはめあい構造でしたが、四角いブロックの幅寸法でもサイズ形体であれば最大実体公差方式を適用できます。しかし、サイズ形体でない表面に指示した場合は、誤りになります。

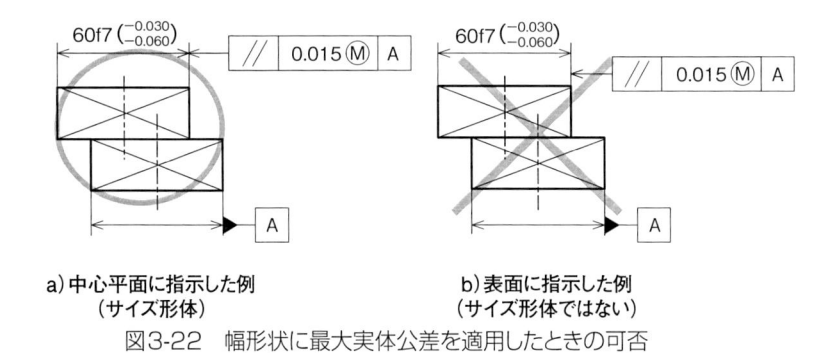

a）中心平面に指示した例
（サイズ形体）

b）表面に指示した例
（サイズ形体ではない）

図3-22　幅形状に最大実体公差を適用したときの可否

φ(＠°▽°＠)　メモメモ

データムがサイズ形体とサイズ形体でないときの最大実体公差

直角度の事例では、データムは単なる表面でした。**本項の平行度の事例では、データムはサイズ形体に変化しましたが、動的公差線図や図面指示に違いはなく**、データムがサイズ形体であろうとなかろうと、最大実体公差方式を適用できることがわかりました。

第3章 5 傾斜度に最大実体公差方式を適用した例

傾斜度の定義（JIS B 0621）

傾斜度（Angularity）とは、データム直線又はデータム平面に対して理論的に正確な角度を持つ幾何学的直線又は幾何学的平面からの理論的に正確な角度を持つべき直線形体又は平面形体の狂いの大きさをいう。

傾斜度に最大実体公差方式を適用する事例を下記に示します。

基準面にシャフトブロック②を置き、斜め上方よりハウジング①の穴を②のシャフトに貫通させ、かつそれぞれの部品が基準面に密着するようにします。傾斜度は穴やシャフトの位置を規制するものではないため、ハウジングとシャフトブロックの間に隙間を設けて、基準面から穴の高さ寸法や基準面からシャフトの高さ寸法のばらつきを許容できるようにしています。したがって、基準に対して設計した角度が崩れていると、軸と穴は挿入できても、基準面が密着できない可能性があります。

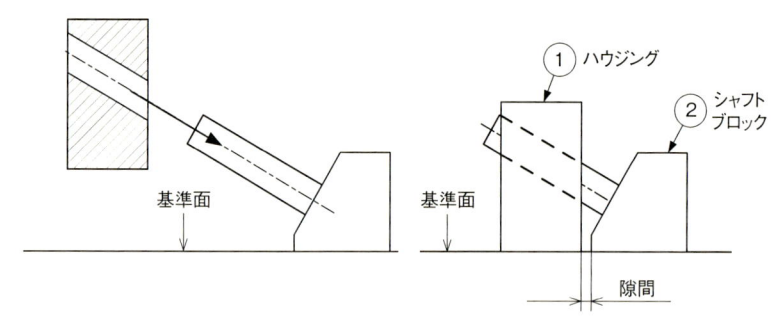

図3-23　2部品のはめあい構造

「なんで、2つの部品間に隙間を開けなあかんの？」

「傾斜度は姿勢しか規制でけへんから、この隙間は穴とシャフトの高さ位置のばらつきを吸収させるために設けてるんや！」

傾斜度は、データムに対する傾きしか規制できないため、穴や軸の位置までを規制できません。そこで、下図のように2部品間に隙間をもたせて、高さばらつきを吸収させる構造としているのです。

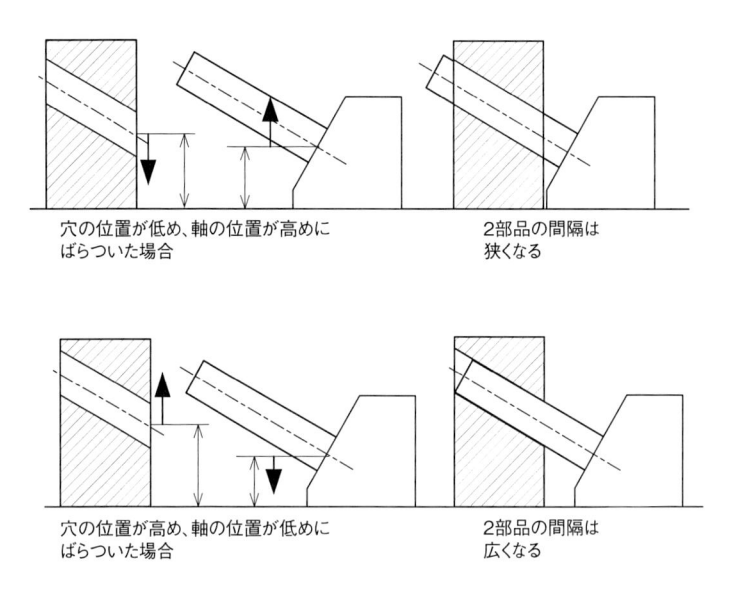

穴の位置が低め、軸の位置が高めにばらついた場合

2部品の間隔は狭くなる

穴の位置が高め、軸の位置が低めにばらついた場合

2部品の間隔は広くなる

図3-24　2部品に隙間をもたせてはめあう構造とした理由

なるほど！
角度は一致していても、
穴や軸の高さ位置が
ばらつくと、
2部品間の隙間が
変化するんか〜！

傾斜度は、データムを必要とする幾何特性ですが、はめあい部分のみに着目し、公差を決めていきます。

　寸法公差を決める一つの考え方を下記に示します。
① 穴の直径…はめあいの穴基準方式を採用し、「φ60H7（0〜+0.030）」で固定する。
② 幾何特性のずれを考慮し寸法マージンを与える。
③ 軸の直径…寸法マージンを考慮し、「φ60f7（-0.030〜-0.060）」とする。

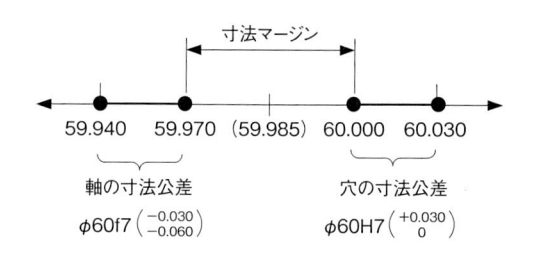

図3-25　2部品の寸法公差の考え方

　したがって、穴径とシャフト径の寸法公差だけに着目して、寸法マージンを計算すると、60.00 − 59.970 = 0.030 となり、この数値を2部品で等分に分配すると幾何公差値は0.015mmとなります。
※生産技術などと調整のうえ幾何公差値としての妥当性を判断してください。

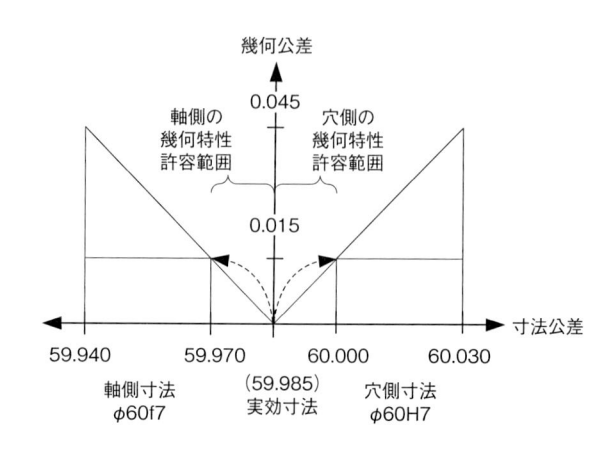

図3-26　傾斜度の場合の動的公差線図

下図は、ハウジング①の底面をデータムとし、傾斜した穴の中心線に傾斜度公差を指示した図面です。穴は寸法公差をもち中心線に幾何特性を指示していることからサイズ形体であるため、最大実体公差方式を適用することができます。

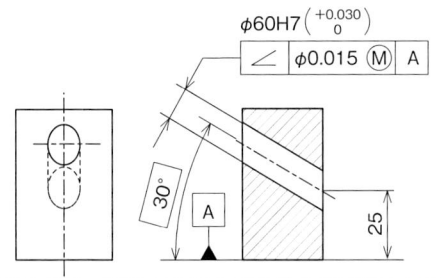

図3-27　傾斜度の最大実体公差指示例（穴の場合）

　動的公差線図よりボーナス公差は下記のように変化します。

出来上がりの寸法	φ60.000 (MMC)	φ60.010	φ60.020	φ60.030 (LMC)
幾何公差値	φ0.015	φ0.025	φ0.035	φ0.045

　下図は、シャフトブロック②のピンの中心線に傾斜度公差を指示した図面です。軸は寸法公差をもち中心線に幾何特性を指示していることからサイズ形体であるため、最大実体公差方式を適用することができます。

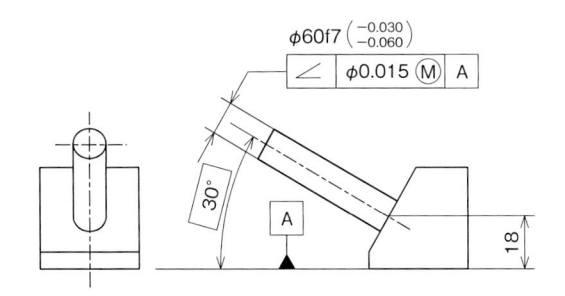

図3-28　傾斜度の最大実体公差指示例（軸の場合）

　動的公差線図よりボーナス公差は下記のように変化します。

出来上がりの寸法	φ59.970 (MMC)	φ59.960	φ59.950	φ59.940 (LMC)
幾何公差値	φ0.015	φ0.025	φ0.035	φ0.045

・**最大実体公差方式として使えない傾斜度**

下図はどちらも母線指示であり、サイズ形体ではないため最大実体公差方式を指示することは許されません。

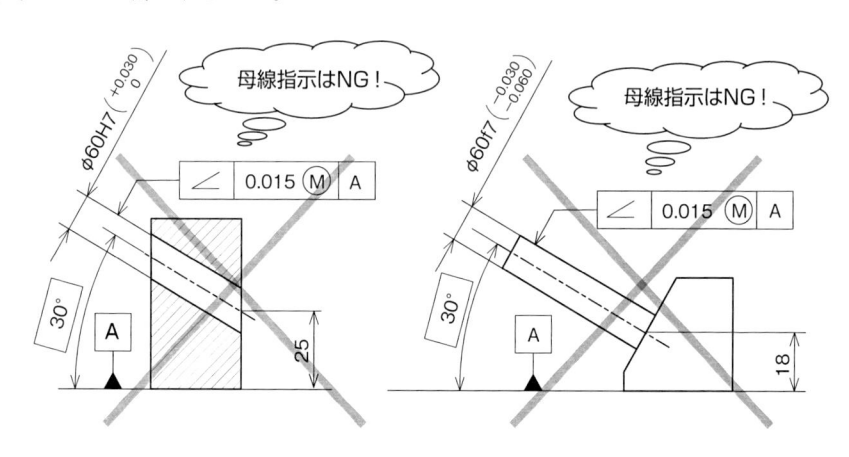

図3-29 最大実体公差の誤った指示例（傾斜度の場合）

本例は丸軸と丸穴のはめあい構造でしたが、四角いブロックの幅寸法でもサイズ形体であれば同様に最大実体公差方式を適用できます。しかし、サイズ形体でない表面に指示した場合は、誤りになります。

a) 中心平面に指示した例
（サイズ形体）

b) 表面に指示した例
（サイズ形体ではない）

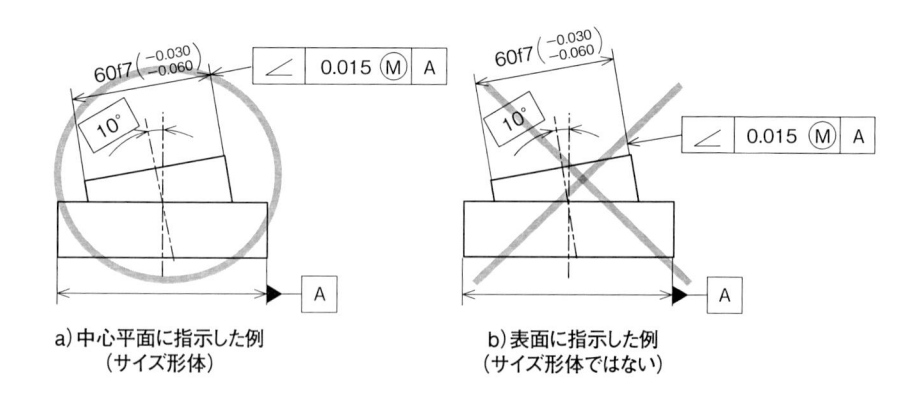

図3-30 幅形状に最大実体公差を適用したときの可否

第3章のまとめ

第3章で学んだこと

　全ての幾何特性で最大実体公差方式を使うことができないことを知りました。本章では、形状公差と姿勢公差の中から最大実体公差を適用できる真直度、直角度、平行度、傾斜度のうち正しい指示法を学習しました。それぞれの幾何特性のうち、丸い形状や四角い形状に拘らず、最大実体公差を適用するにはサイズ形体でないといけないこともわかりました。

わかったこと
　最大実体公差とは

| 形状公差では真直度のみ | → | 姿勢公差は、直角・平行・傾斜度 | → | ただし、サイズ形体に限る | → | 丸い形状や四角い形状もOK | → | 同じ公差なら動的公差線図も同じ |

- 包絡の条件以外に、特別な関係の一つに最大実体公差方式がある
- 最大実体公差方式は、全ての幾何特性で使えない
- サイズ形体に対して最大実体公差方式が適用できる
- データムの有無で最大実体公差の指示に違いはない
- データムがサイズ形体であろうとなかろうと最大実体公差の指示に違いはない

次にやること

　形状公差と姿勢公差に最大実体公差方式を指示するパターンが理解できたと思います。最大実体公差方式は、一般的に位置公差に使うことが多いといえます。次に、位置公差に最大実体公差方式を指示するパターンを理解しましょう。

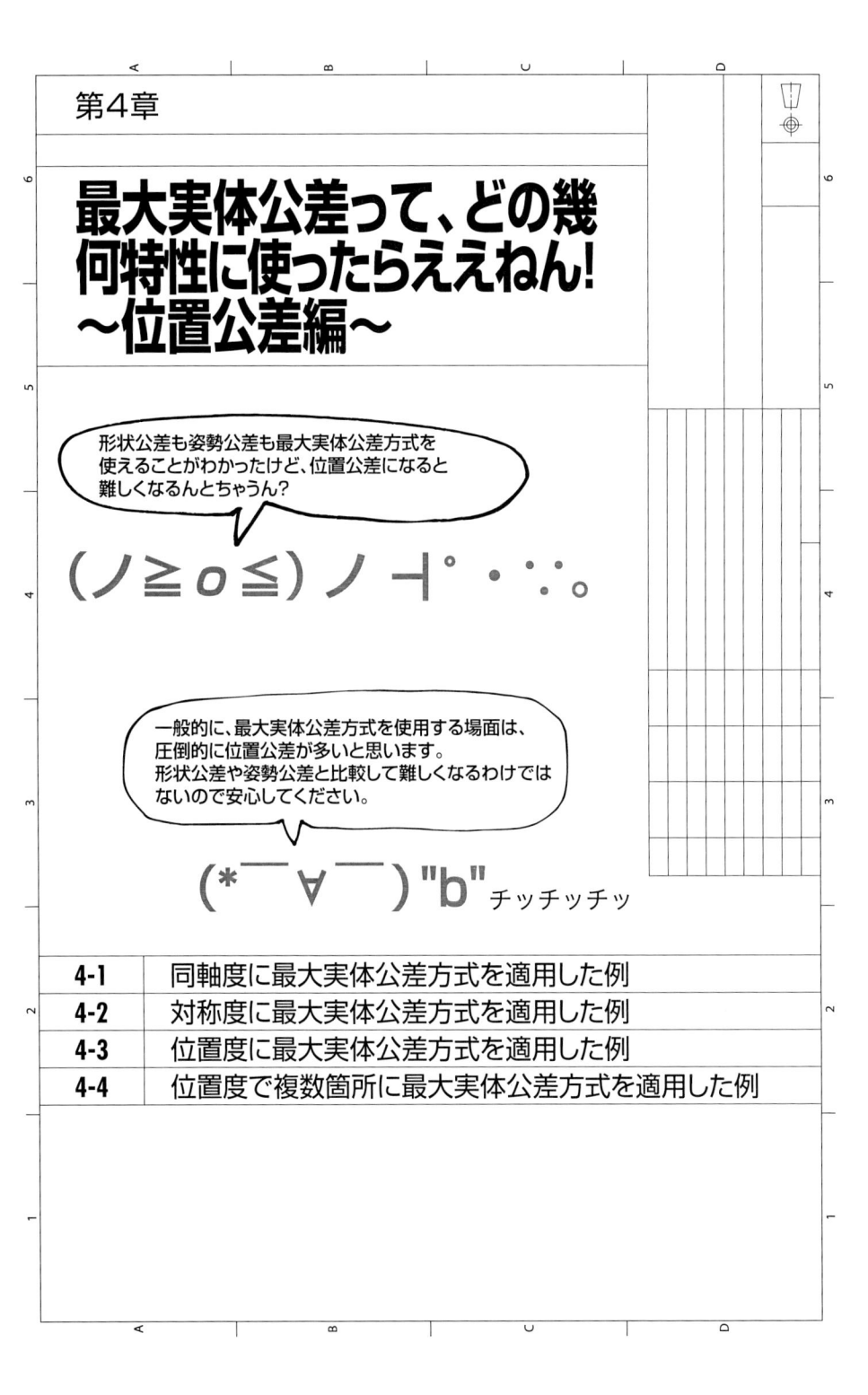

第4章

最大実体公差って、どの幾何特性に使ったらええねん!
～位置公差編～

> 形状公差も姿勢公差も最大実体公差方式を使えることがわかったけど、位置公差になると難しくなるんとちゃうん?

(ノ≧o≦)ノ →°・∴。

> 一般的に、最大実体公差方式を使用する場面は、圧倒的に位置公差が多いと思います。
> 形状公差や姿勢公差と比較して難しくなるわけではないので安心してください。

(*￣∀￣)"b" チッチッチッ

4-1	同軸度に最大実体公差方式を適用した例
4-2	対称度に最大実体公差方式を適用した例
4-3	位置度に最大実体公差方式を適用した例
4-4	位置度で複数箇所に最大実体公差方式を適用した例

第4章　1　**同軸度に最大実体公差方式を適用した例**

同軸度の定義（JIS B 0621）
同軸度（Coaxiality）とは、データム軸直線と同一直線状にあるべき軸線のデータム軸直線からの狂いの大きさをいう。

同軸度に最大実体公差方式を適用する事例を下記に示します。
段付き穴をもったハウジング①に段付き形状のシャフト②を隙間ばめで精度よく、はめあう構造を考えます。互いの段付き部の同軸がずれていると、ハウジングにシャフトを挿入できない可能性があります。

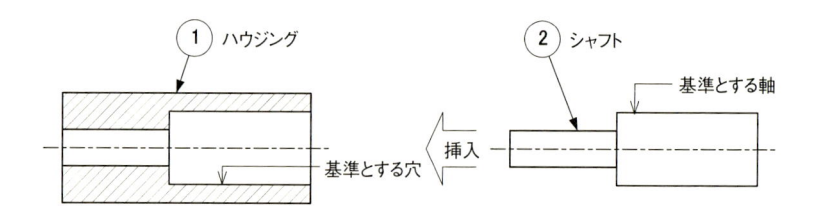

図4-1　2部品のはめあい構造

> 同軸に加えて、反りも心配やから真直度や平行度がいるんかな？

> 幾何特性の相互関係によって、位置公差は姿勢公差も形状公差も含むから、気にせんでも大丈夫や！

同軸度は、データムを必要とする幾何特性ですが、はめあい部分のみに着目し、公差を決めていきます。

寸法公差を決める一つの考え方を下記に示します。
① 穴の直径…はめあいの穴基準方式を採用し、「φ60H7（0〜+0.030）」で固定する。
② 幾何特性のずれを考慮し寸法マージンを与える。
③ 軸の直径…寸法マージンを考慮し、「φ60f7（-0.030〜-0.060）」とする。

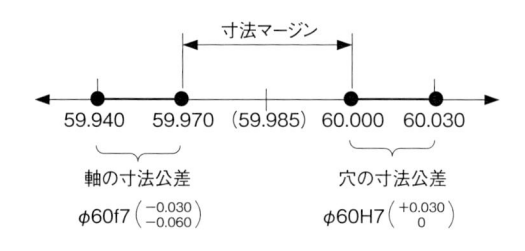

図4-2　2部品の寸法公差の考え方

　したがって、穴径とシャフト径の寸法公差だけに着目して、寸法マージンを計算すると、60.00 − 59.970 = 0.030となり、この数値を2部品で等分に分配すると幾何公差値は0.015mmとなります。
※生産技術などと調整のうえ幾何公差値としての妥当性を判断してください。

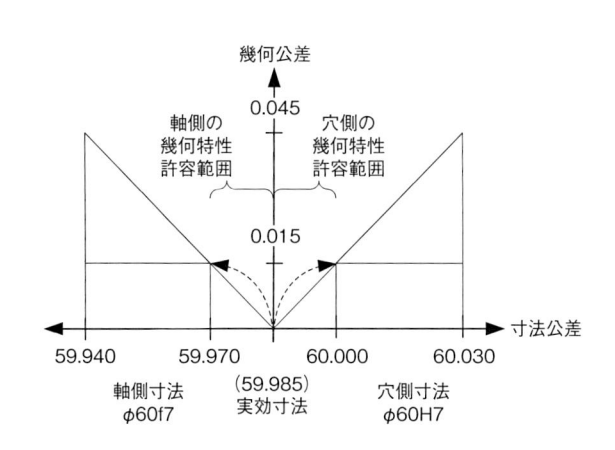

図4-3　同軸度の場合の動的公差線図

第4章　最大実体公差って、どの幾何特性に使ったらええねん！〜位置公差編〜

下図は、ハウジング①の段付き穴の小径の中心線に同軸度公差を指示した図面です。大径側を基準としてデータム設定していますが、このデータム穴も相手部品とはめあいが発生するため、幾何偏差を含めた実効状態を保証するためⒺで指示します。

　小径側の穴は寸法公差を持ち中心線に幾何特性を指示していることからサイズ形体であるため、最大実体公差方式を適用することができます。

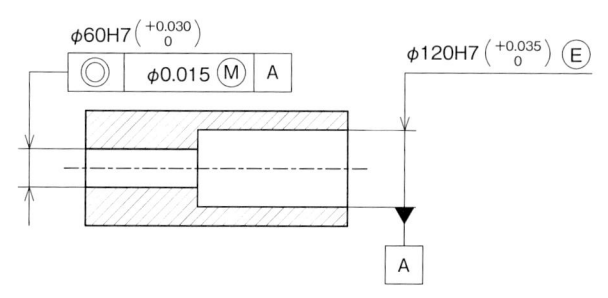

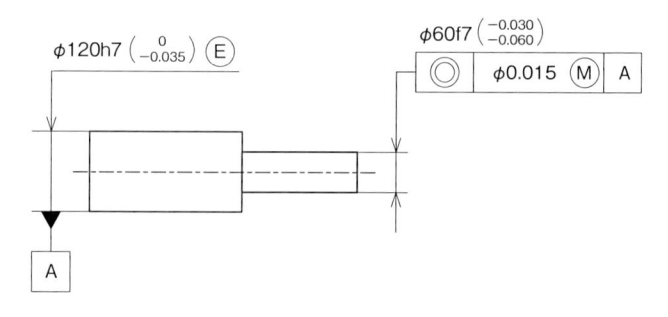

図4-4　同軸度の最大実体公差指示例(穴の場合)

動的公差線図よりボーナス公差は下記のように変化します。

出来上がりの寸法	φ60.000 (MMC)	φ60.010	φ60.020	φ60.030 (LMC)
幾何公差値	φ0.015	φ0.025	φ0.035	φ0.045

　下図は、シャフト②の段付き軸の小径の中心線に同軸度公差を指示した図面です。穴側と設計思想を合わせるため、大径側をデータムとし、実効寸法を保証するためにⒺを指示します。小径側の軸は寸法公差を持ち中心線に幾何特性を指示していることからサイズ形体であるため、最大実体公差方式を適用することができます。

図4-5　同軸度の最大実体公差指示例(軸の場合)

動的公差線図よりボーナス公差は下記のように変化します。

出来上がりの寸法	φ59.970 (MMC)	φ59.960	φ59.950	φ59.940 (LMC)
幾何公差値	φ0.015	φ0.025	φ0.035	φ0.045

・最大実体公差方式として使えない同軸度

同軸度は、必ず中心線指示となるため、自動的にサイズ形体しか指示することはできません。したがって、幾何公差としての作法を間違えない限り、最大実体公差として使えないパターンはありえません。

ただし、ASMEでは、同軸度に Ⓜ を適用することは認めていません。

> そっか〜！
> 同軸度は、絶対、
> 中心線にしか
> 指示でけへんから、
> 最大実体寸法を
> 使われへんパターンが
> ないんか〜！

| 第4章 | 2 | 対称度に最大実体公差方式を適用した例 |

対称度の定義（JIS B 0621）

対称度（Symmetry）とは、データム中心平面に関して互いに対称であるべき形体の対称位置からの狂いの大きさをいう。

対称度に最大実体公差方式を適用する事例を下記に示します。

段付き溝をもったハウジング①に段付き形状のブロック②を隙間ばめで、はめあう構造を考えます。段付き部の対称性がずれていると、ハウジングにブロックを挿入できない可能性があります。

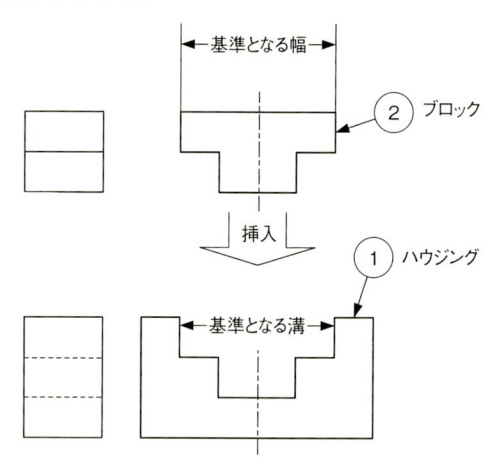

図4-6　2部品のはめあい構造

> ブロック形状のはめあいのときは、対称度を使うのがええの？

> 同軸度は中心線同士のずれを規制するけど、対称度は中心平面同士のずれを規制するって覚えておいたらええねん！

対称度は、データムを必要とする幾何特性ですが、はめあい部分のみに着目し、公差を決めていきます。

寸法公差を決める一つの考え方を下記に示します。
① 凸幅…はめあいの穴基準方式を採用し、「60H7（0〜+0.030）」で固定する。
② 幾何特性のずれを考慮し寸法マージンを与える。
③ 凹溝…寸法マージンを考慮し、「60f7（-0.030〜-0.060）」とする。

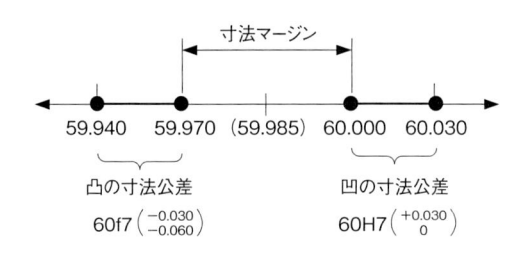

図4-7　2部品の寸法公差の考え方

　したがって、凸幅と凹溝の寸法公差だけに着目して、寸法マージンを計算すると、60.00-59.970＝0.030となり、この数値を2部品で等分に分配すると幾何公差値は0.015mmとなります。
※生産技術などと調整のうえ幾何公差値としての妥当性を判断してください。

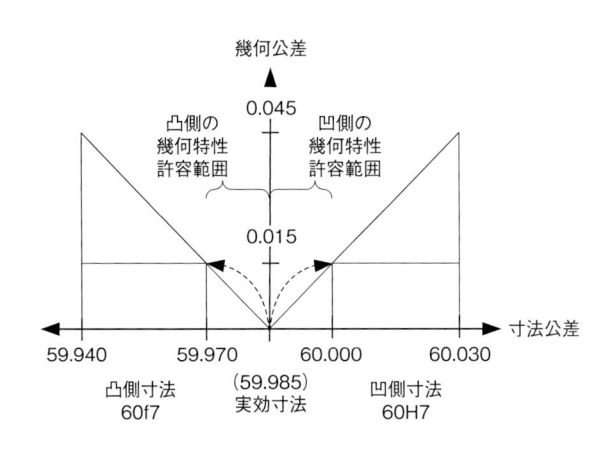

図4-8　対称度の場合の動的公差線図

第4章　最大実体公差って、どの幾何特性に使ったらええねん！〜位置公差編〜

右図は、ハウジング①の狭い溝の中心平面に対称度公差を指示した図面です。広い溝をデータムと設定していますが、このデータム部も相手部品とはめあいが発生するため、幾何偏差を含めた実効状態を保証するためにⒺで指示します。狭い方の溝は寸法公差をもち中心平面に幾何特性を指示していることからサイズ形体であるため、最大実体公差方式を適用することができます。

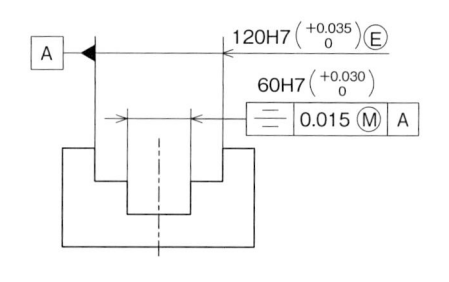

図4-9　対称度の最大実体公差指示例
（凹溝の場合）

動的公差線図よりボーナス公差は下記のように変化します。

出来上がりの寸法	60.000 (MMC)	60.010	60.020	60.030 (LMC)
幾何公差値	0.015	0.025	0.035	0.045

　右図は、ブロック②の狭い方の幅の中心平面に対称度公差を指示した図面です。広い幅をデータムと設定していますが、このデータム部も相手部品とはめあいが発生するため、幾何偏差を含めた実効状態を保証するためにⒺで指示します。狭い方の幅は寸法公差をもち中心平面に幾何特性を指示していることからサイズ形体であるため、最大実体公差方式を適用することができます。

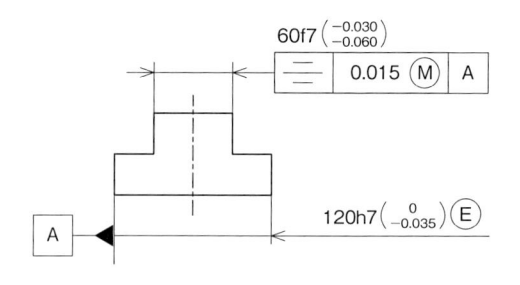

図4-10　対称度の最大実体公差指示例
（凸幅の場合）

動的公差線図よりボーナス公差は下記のように変化します。

出来上がりの寸法	59.970 (MMC)	59.960	59.950	59.940 (LMC)
幾何公差値	0.015	0.025	0.035	0.045

・**最大実体公差方式として使えない対称度**

　対称度は多くの場合、中心平面指示となるため、自動的にサイズ形体しか指示することはできません。したがって、幾何公差としての作法を間違えない限り、最大実体公差として使えないパターンはありえません。
※丸い形状に対称度を指示した場合、中心線指示となります。
　ただし、ASMEでは対称度にⓂを適用することは認めていません。

> なるほど〜！
> 同軸度は中心線が対象やけど、対称度は中心平面が対象やから、最大実体寸法を使われへんパターンはないんか〜！

第4章 3 位置度に最大実体公差方式を適用した例

位置度の定義（JIS B 0621）

位置度（Position）とは、データム又は他の形体に関連して定められた理論的に正確な位置からの点、直線形体又は平面形体の狂いの大きさをいう。

位置度に最大実体公差方式を適用する事例を下記に示します。

3つの面を基準とするハウジング①の穴にハウジングに対応する3つの面を基準とするブロックピン②の軸をはめあう構造を考えます。単に軸を穴にはめあう関係でなく、その周辺にある3つの基準面に密着させる条件を考えます。したがって、基準面に対して位置がずれていると、穴と軸は挿入できない可能性があります。

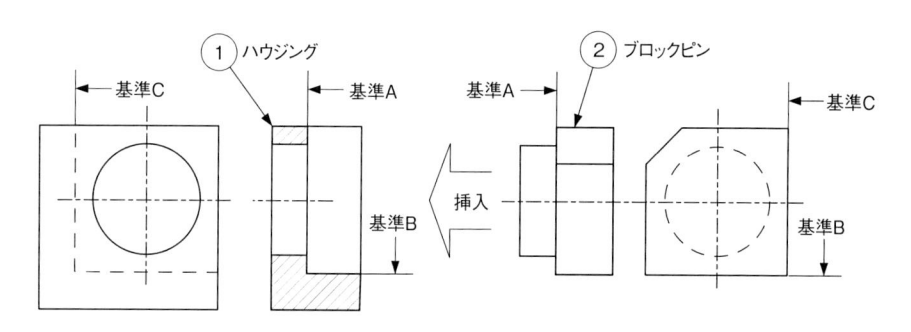

図4-11　2部品のはめあい構造

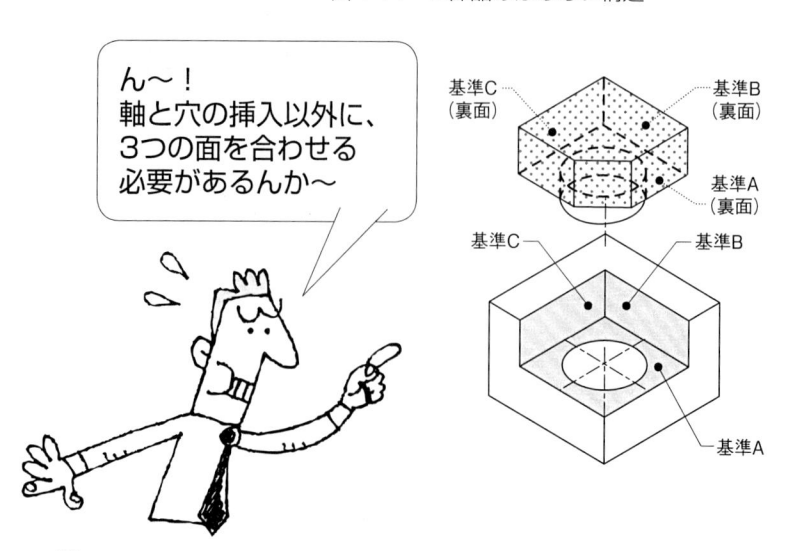

ん～！
軸と穴の挿入以外に、3つの面を合わせる必要があるんか～

位置度は、データムを必要とする幾何特性ですが、はめあい部分のみに着目し、公差を決めていきます。

　寸法公差を決める一つの考え方を下記に示します。
① 穴の直径…はめあいの穴基準方式を採用し、「ϕ60H7（0〜+0.030）」で固定する。
② 幾何特性のずれを考慮し寸法マージンを与える。
③ 軸の直径…寸法マージンを考慮し、「ϕ60f7（-0.030〜-0.060）」とする。

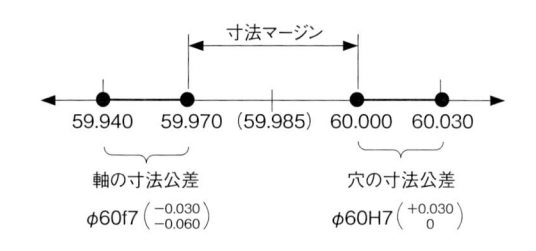

図4-12　2部品の寸法公差の考え方

　したがって、穴径とシャフト径の寸法公差だけに着目して、寸法マージンを計算すると、60.00 − 59.970 = 0.030 となり、この数値を2部品で等分に分配すると幾何公差値は0.015mmとなります。
※生産技術などと調整のうえ幾何公差値としての妥当性を判断してください。

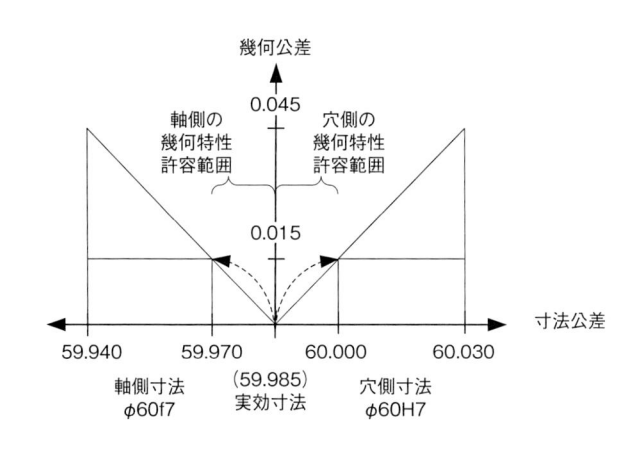

図4-13　位置度の場合の動的公差線図

下図は、ハウジング①の基準穴の周辺3面に優先順位をつけてデータムとし、穴の中心線に位置度公差を指示した図面です。穴は寸法公差を持ち中心線に幾何特性を指示していることからサイズ形体であるため、最大実体公差方式を適用することができます。

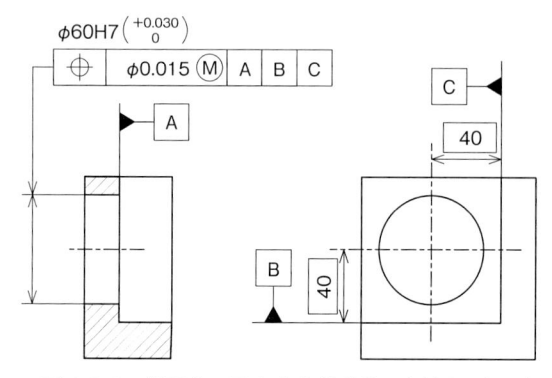

図4-14　位置度の最大実体公差指示例(穴の場合)

動的公差線図よりボーナス公差は下記のように変化します。

出来上がりの寸法	φ60.000 (MMC)	φ60.010	φ60.020	φ60.030 (LMC)
幾何公差値	φ0.015	φ0.025	φ0.035	φ0.045

　ブロックピン②の軸の周辺3面に優先順位をつけてデータムとし、軸の中心線に位置度公差を指示した図面です。軸は寸法公差をもち中心線に幾何特性を指示していることからサイズ形体であるため、最大実体公差方式を適用することができます。

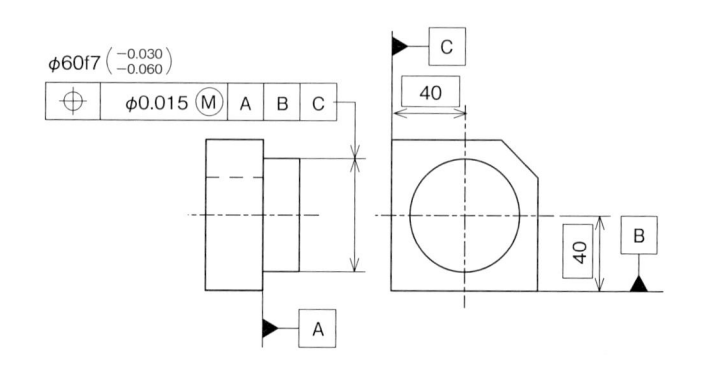

図4-15　位置度の最大実体公差指示例(軸の場合)

動的公差線図よりボーナス公差は下記のように変化します。

出来上がりの寸法	φ59.970 (MMC)	φ59.960	φ59.950	φ59.940 (LMC)
幾何公差値	φ0.015	φ0.025	φ0.035	φ0.045

・最大実体公差方式として使えない位置度

　一般的に位置度を使う場合、穴や軸の中心線、あるいは溝や突起の中心平面指示となることが多いため、サイズ形体を指示するパターンが多いといえます。したがって、幾何公差としての文法を間違えない限り、最大実体公差として使えないパターンはありません。

> へ〜！
> 位置度は中心線に指示する場合が多いんか〜！

> 位置度公差は、表面に対しても指示できるけど、その場合は面の輪郭度を指示するほうがええな！

| 第4章 | 4 | 位置度で複数箇所に最大実体公差方式を適用した例 |

ここまでは、穴（凹溝）と軸（凸幅）の1対1の関係におけるはめあいを事例に説明してきましたが、相対する複数の穴（凹溝）と軸（凸幅）をはめあう場合も、1対1の場合となんら変わりなく、最大実体公差方式を適用できます。

下図のように、幾何特性を指示する部位に個数表記するだけで、最大実体公差方式を複数箇所へ指示可能となります。

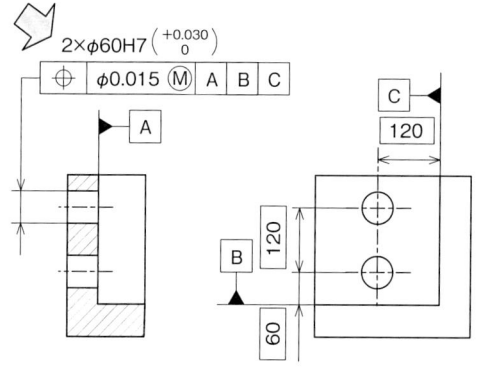

図4-16　2箇所の穴に最大実体公差を指示した例

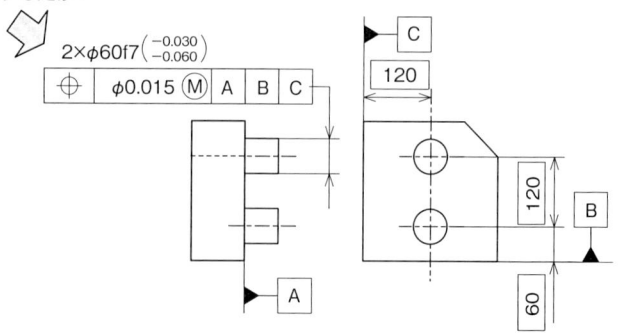

図4-17　2箇所の軸に最大実体公差を指示した例

さらに、穴と軸が4つになった場合の図面も確認してみましょう。

個数表記するだけ！

4×φ60H7 (+0.030 / 0)

| ⌖ | φ0.015 Ⓜ | A | B | C |

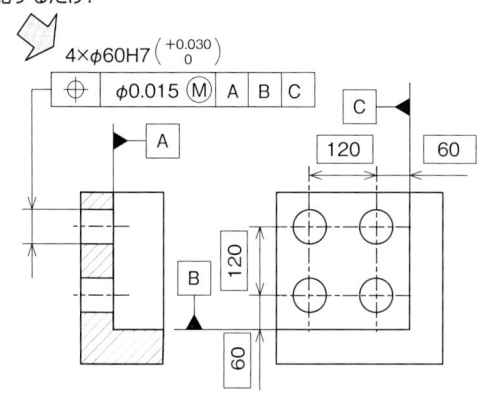

図4-18　4箇所の穴に最大実体公差を指示した例

個数表記するだけ！

4×φ60f7 (−0.030 / −0.060)

| ⌖ | φ0.015 Ⓜ | A | B | C |

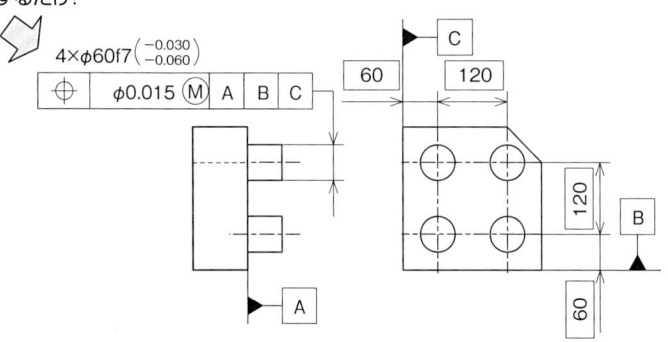

図4-19　4箇所の軸に最大実体公差を指示した例

へ〜！
幾何特性の対象部の個数が増えても、変わりなく指示できるんか〜

そやで！
加工する側にとっては厳しいことになるけど、図面指示のうえでは変わりないんや。

第4章のまとめ

第4章で学んだこと

　本章では、最大実体公差方式を位置公差に適用する事例を学習しました。位置公差の特徴として、同軸度と対称度の場合は、データムと同一軸線上あるいは同一平面上からの中心線あるいは中心平面の崩れ、位置度の場合は、データムから理論寸法で示した位置からの崩れを考慮します。

わかったこと

　位置公差で使う最大実体公差とは

| 同軸度は
データムも
はめあう構造 | → | 対称度は
データムも
はめあう構造 | → | 位置度は
データムで
位置規制する | → | 同じ公差なら
動的公差
線図も同じ | → | 複数部位でも
同様に適用
できる |

- データムをはめあう場合は実効寸法を考慮する
- サイズ形体のデータムに実効寸法を指示する場合、Ⓔが使える
- データムと同一線上にある対象部の中心線との位置ずれは同軸度を使う
- データムと同一平面上にある対象部の中心平面との位置ずれは対称度を使う
- データムから離れた位置にある形体は位置度を使い、理論寸法を併記する
- 複数の対象となる形体にも変わりなく最大実体公差を適用できる

次にやること

　ここまでに最大実体公差方式の代表的なパターン全てを理解しました。最大実体公差方式のメリットは、幾何公差の値を増やせることだけではありません。機能ゲージを用いることによって検査が簡便になり、全数検査できることによって品質保証にも役立つことです。次章では最大実体公差を検査するための機能ゲージの設計法について学習しましょう。

第5章

機能ゲージって、どない設計すんねん!

> 部品それぞれで寸法がばらつくのに、ボーナス公差の管理なんか現実的に無理やんか

(ノ≧o≦)ノ ┽°・∴。

> 機能ゲージという検査ツールを使えば検査を簡素化できます。
> これによって全数検査が可能となり、品質保証の向上も図れるのです。

(*￣∀￣)"b" チッチッチッ

5-1	幾何公差図面の検査手順とは
5-2	寸法をチェックするGoゲージ、No Goゲージ
5-3	最大実体公差方式をチェックする機能ゲージの設計

第5章　1　幾何公差図面の検査手順とは

検査と計測

検査とは、基準に照らして適合・不適合や正常・異常などを調べること。
計測とは、計測用の機器を用いて対象物の量や値を計ること。

幾何公差が指示された図面は、どのような手順で検査されるのでしょうか？

本書で何度も言及しているとおり、特別な指定がない限り「独立の原則」が適用されるため、寸法と幾何特性は別々に検査します。

このとき、寸法と幾何特性のどちらを優先して検査するかがポイントとなります。

一般的な部品の検査は、下記のフローのように進めます。

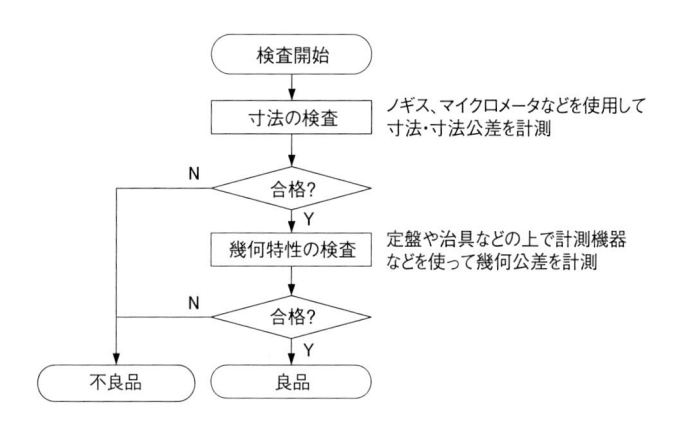

```
検査開始
  ↓
寸法の検査  ← ノギス、マイクロメータなどを使用して寸法・寸法公差を計測
  ↓
合格? ―N→ 不良品
  ↓Y
幾何特性の検査  ← 定盤や治具などの上で計測機器などを使って幾何公差を計測
  ↓
合格? ―N→ 不良品
  ↓Y
良品
```

図5-1　計測の手順

寸法公差と幾何公差は、どっちを先に検査しても一緒とちゃうん？

寸法は2点間の距離を測定することで、より簡便に計測できるから、寸法が最初に確認されるんや！

独立の原則に従わない最大実体公差方式でも、寸法や寸法公差を検査した後に幾何特性を検査するという工程は同じです。
　ところが、最大実体公差方式が適用された場合、検査は極端に難しくなります。
　なぜなら、最大実体公差方式を適用した形体の寸法公差のでき具合によって、幾何公差にボーナス公差を付与できるのかできないのかを、一つ一つの状況を確認しながら多数の部品を検査しなければいけないからです。

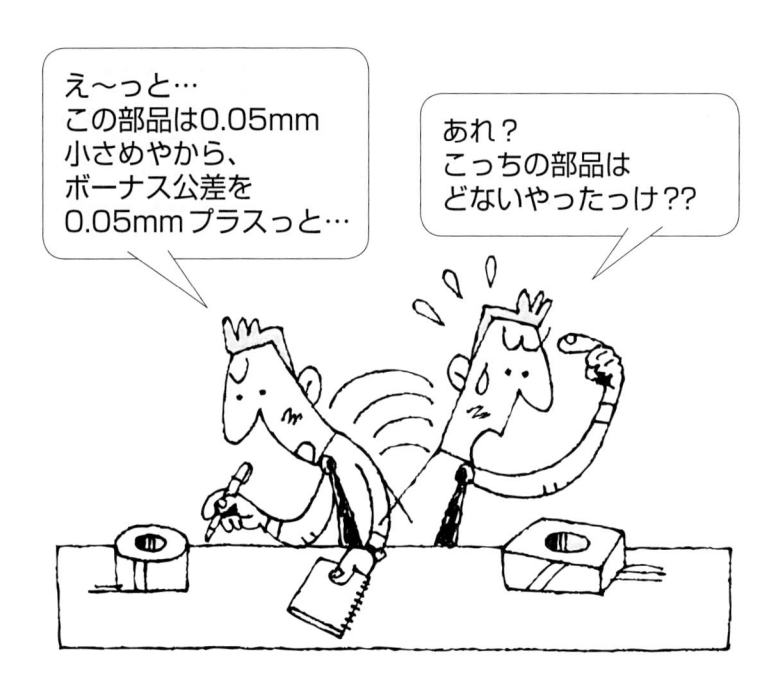

　加工によって部品ごとに寸法公差がばらつく現実があり、ボーナス公差の度合いを決定しながら検査することは膨大な検査工数が必要となり、その結果、部品単価として跳ね返ってきます。

　そこで、検査を簡便にするためのツールが存在し、それをゲージと呼びます。
　このゲージは、寸法を計測し結果を数値として残すことはできませんが、寸法公差の範囲の中にあるかないかを合否判定するものです。

第5章 2 寸法をチェックする Goゲージ、No Goゲージ

Goゲージ、No Goゲージ

「Goゲージ」を「通りゲージ」、「No Goゲージ」を「止まりゲージ」と呼ぶこともあります。限界式のゲージをいい、Goゲージが無理なく通り抜け、No Goゲージが通り抜けなければ寸法公差の範囲内にあるとして合格品と判定します。

例えば、図面にはめあい公差記号（H7やg6など）が指示されている場合、そのはめあい公差記号専用の限界ゲージがあります。

下図は穴を検査する限界プレーンゲージです。別名、プラグゲージとも呼びます。

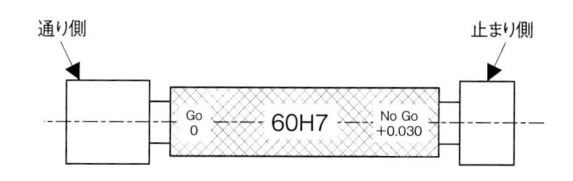

図5-2　穴用限界プレーンゲージ

軸用のゲージには下記のようなものが存在します。リングゲージや挟みゲージとも呼ばれ、Go（通り側）ゲージとNo Go（止まり側）ゲージの2種類を使い分けます。

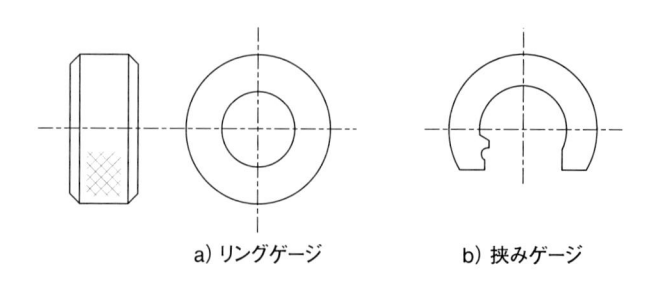

a) リングゲージ　　　b) 挟みゲージ

図5-3　軸用の限界プレーンゲージ

穴用限界プレーンゲージの場合、穴の最大実体寸法をもつ測定面（通り側）と穴の最小実体寸法を持つ測定面（止り側）を両端にもつ構造をしています。全周が円形の「全周プラグゲージ」や一部分のみ円形の「部分プラグゲージ」などがあります。

a) 全周プラグゲージ　　　　　　　　b) 部分プラグゲージ

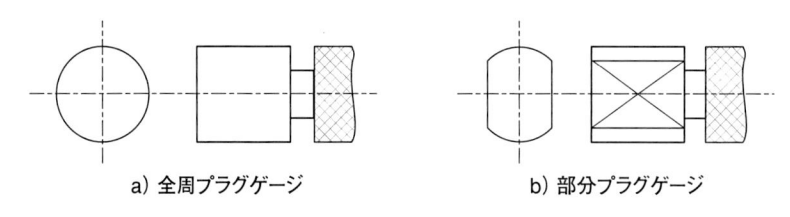

図5-4　全周プラグゲージと部分プラグゲージ

Go（通り側）ゲージ…穴の直径が規定された最大実体寸法より大きいかどうかを検査します。ゲージが無理なく穴の全長にわたって通り抜けなければいけません。
⇒通り側のゲージが通らない…穴が小さすぎるので部品不良と判断する。
No Go（止り側）ゲージ…穴の直径が規定された最小実体寸法より小さいかどうかを検査します。ゲージが穴に入ってはいけません。
⇒止り側のゲージが通る…穴が大きすぎるので部品不良と判断する。

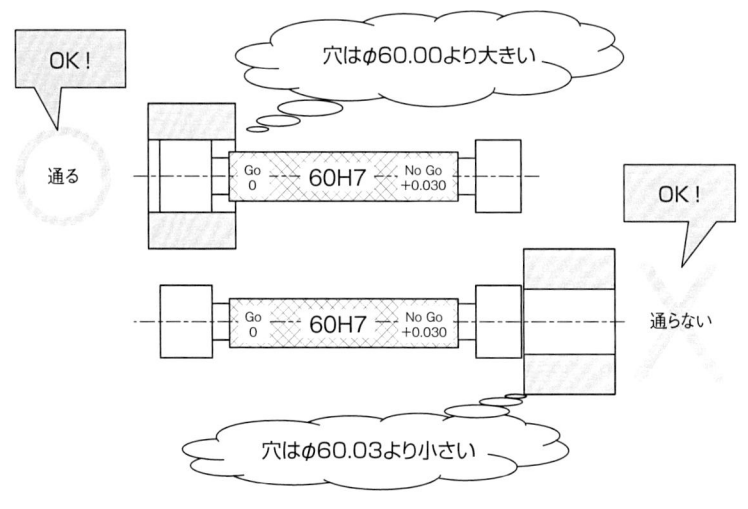

図5-5　限界プラグゲージによる穴の検査

このように、限界プラグゲージはできあがりの寸法数値を求めるものではなく、合否判定をするためのツールということがわかりました。

第5章　機能ゲージって、どない設計すんねん！

限界プレーンゲージのもつ寸法精度はJIS B 7420で決められています。

呼び寸法や公差等級によって、詳細の数値が変化しますが、下記に呼び径60mm、公差等級IT7（今回の例ではH7とh7）の場合のゲージ精度を示します。

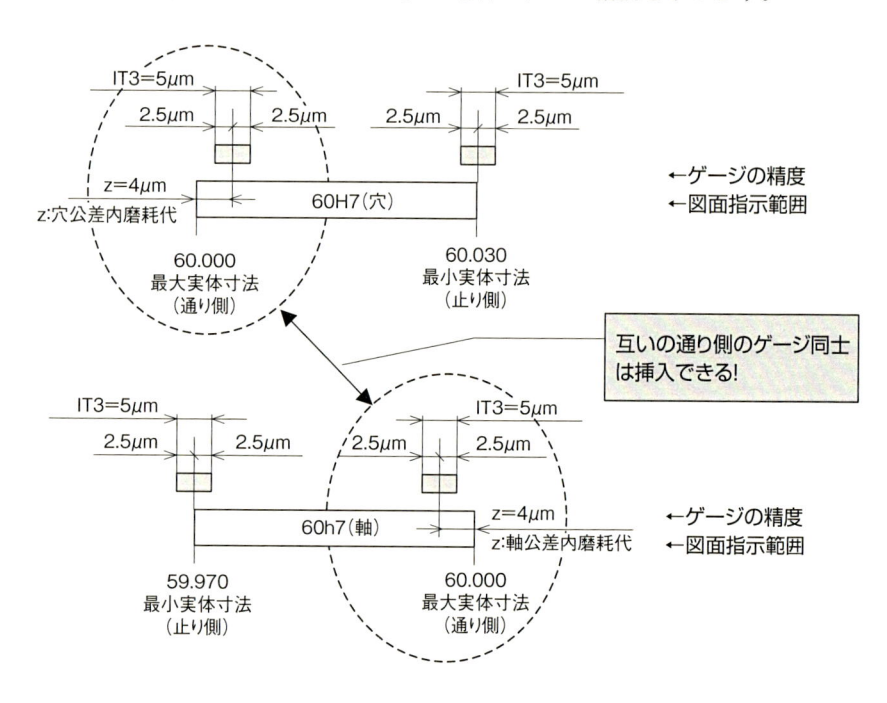

図5-6　限界プレーンゲージ（φ60H7とh7の場合）の寸法精度

穴用と軸用のゲージで、どちらも通り側ゲージは最大実体寸法よりわずかに離れて製作されています。つまり、ゲージで検査すると最大実体状態である限界寸法はNGと判断されます。したがって、穴と軸の寸法が最大実体寸法である、いわゆる寸法がゼロゼロの関係でも互いにはめあうことができるのです。

へ～！検査専用のゲージでも、寸法公差ゼロにはなってないんか～

第5章　3　**最大実体公差方式をチェックする機能ゲージの設計**

機能ゲージ

　相手部品の最大実体寸法に加えて幾何特性の最悪状態を模した治具のことを機能ゲージといいます。最大実体公差方式を適用する部品の検査には、必要不可欠な治具といえます。

　寸法公差を検査するゲージが限界ゲージであり、最大実体公差方式を検査するものが機能ゲージです。この機能ゲージを使えば、成り行きの寸法ばらつきに対してボーナス公差を含めて検査できるのが特徴です。

　通り側の限界ゲージと止まり側の限界ゲージ、機能ゲージの３種類を使うことで、寸法と幾何公差の合否判定が簡単にできるのです。

　機能ゲージは、幾何特性の種類に拘らず、最大実体公差を適用した部位の寸法は、下記の手順で決定します。

【機能ゲージ設計手順】
　① 最大実体寸法を求める（質量が最も大きくなる寸法）…A〔mm〕
　② 図面に指示されている最大実体状態での幾何偏差…B〔mm〕
　③ 機能ゲージの寸法
　　【穴を検査する】機能ゲージの寸法…A−B mm（引き算する！）
　　【軸を検査する】機能ゲージの寸法…A＋B mm（足し算する！）

　検査治具の設計って、思ってたより簡単やん！

　そや！
検査する対象部位が穴と軸の場合で、引き算、足し算と変化するから、間違わんようにな！

1-1)　真直度…穴の機能ゲージを設計する

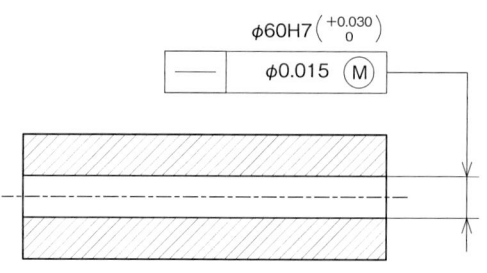

φ60H7 $\left(^{+0.030}_{0}\right)$

― φ0.015 Ⓜ

図5-7　穴にⓂ真直度を指示した図面

【機能ゲージ設計手順】
① 最大実体寸法を求める（質量が最も大きくなる寸法）…φ60.00 mm
② 図面に指示されている最大実体状態での幾何偏差…φ0.015 mm
③【穴を検査する】機能ゲージの寸法…φ60.00−φ0.015＝φ59.985 mm

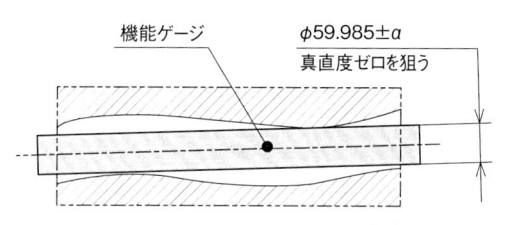

機能ゲージ　　φ59.985±α
真直度ゼロを狙う

※公差値αは限界値を狙う

図5-8　Ⓜ真直度を指示した穴を検査する機能ゲージ

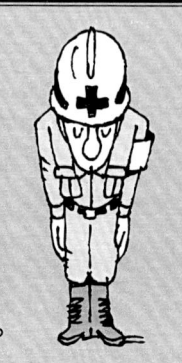

【ご注意】

本書では、機能ゲージの寸法公差は±αとして明確にしていません。治具ということで、一般的には1点〜数点の製作であるため、コストをかけても可能な限りノミナル寸法に対して数μm以内を狙うか、図5-6で示した限界ゲージの寸法公差を参考にしてください。かつ幾何特性の崩れも最小限を狙うよう加工部門と調整してください。

1-2) 真直度…軸の機能ゲージを設計する

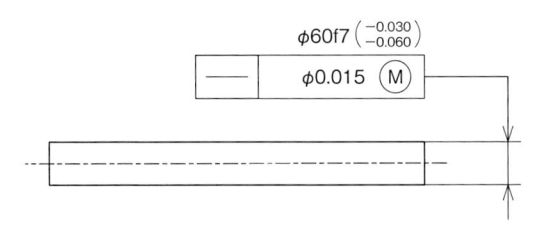

φ60f7 $\left(\begin{smallmatrix}-0.030\\-0.060\end{smallmatrix}\right)$

| — | φ0.015 | Ⓜ |

図5-9　軸にⓂ真直度を指示した図面

【機能ゲージ設計手順】
① 最大実体寸法を求める（質量が最も大きくなる寸法）…φ59.970 mm
② 図面に指示されている最大実体状態での幾何偏差…φ0.015 mm
③ 【軸を検査する】機能ゲージの寸法…φ59.970＋φ0.015＝φ59.985 mm

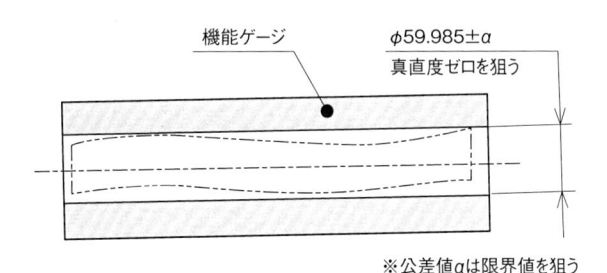

機能ゲージ　　φ59.985±α
真直度ゼロを狙う

※公差値αは限界値を狙う

図5-10　Ⓜ真直度を指示した軸を検査する機能ゲージ

【ご注意】

本書では、機能ゲージの詳細形状（面取り形状など）を簡略化して示しています。
実際にゲージを設計する際には、自らの設計理念に従い形状を決定ください。

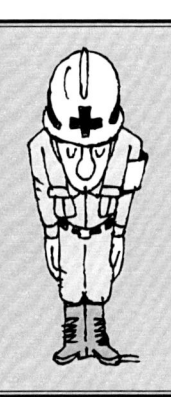

2-1) 直角度…穴の機能ゲージを設計する

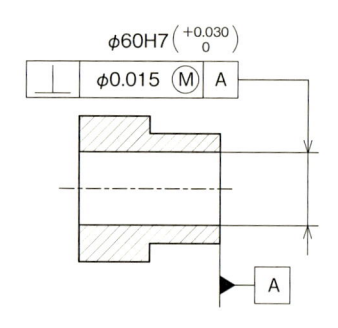

図5-11 穴に⑩直角度を指示した図面

【機能ゲージ設計手順】
① 最大実体寸法を求める（質量が最も大きくなる寸法）…φ60.00 mm
② 図面に指示されている最大実体状態での幾何偏差…φ0.015 mm
③ 【穴を検査する】機能ゲージの寸法…φ60.00−φ0.015＝φ59.985 mm

データムを参照する幾何特性ですので、ゲージ構造にはデータム機能を反映させる必要がありますが、直接的にはめあうという機能を持つ穴部の機能ゲージの寸法は上記の計算によって求めることが可能です。

組み合わせる部品の機能に合うよう、実用データムとゲージの軸部を一体型構造とした機能ゲージの場合、軸部を挿入した後にデータム面が密着しているかどうかを検査します。あるいはデータムの拘束を優先し、部品のデータム面と機能ゲージの実用データム面を密着させたうえで、可動ゲージを挿入できるかを検査するゲージ構造でも設計できます。

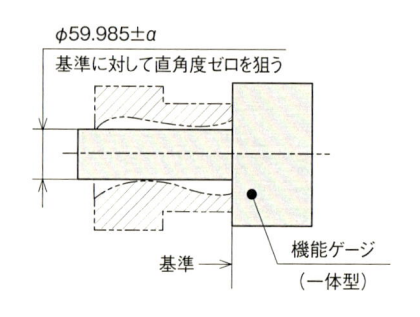

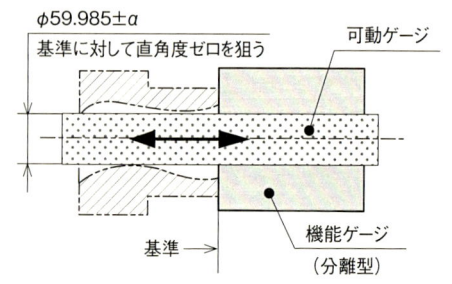

a) 一体型（データム面の密着を検査）　　b) 分離型（データム面を密着後に直角を検査）

図5-12 ⑩直角度を指示した穴を検査する機能ゲージ

2-2) 直角度…軸の機能ゲージを設計する

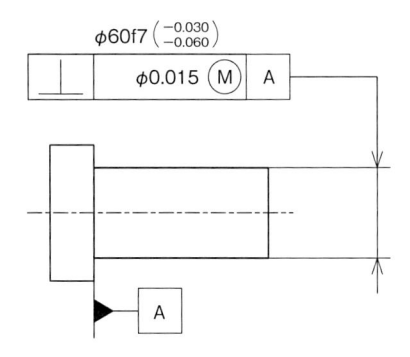

図5-13　軸にⓂ直角度を指示した図面

【機能ゲージ設計手順】
① 最大実体寸法を求める(重量が最も大きくなる寸法)…φ59.970 mm
② 図面に指示されている最大実体状態での幾何偏差…φ0.015 mm
③【軸を検査する】機能ゲージの寸法…φ59.970+φ0.015＝φ59.985 mm

　データムを参照する幾何特性ですので、ゲージ構造にはデータム機能を反映させる必要がありますが、直接的にはめあうという機能を持つ軸部の機能ゲージの寸法は上記の計算によって求めることが可能です。
　組み合わせる部品の機能に合うよう、実用データムとゲージの軸部を一体型構造とした機能ゲージの場合、軸部を挿入した後にデータム面が密着しているかどうかを検査します。

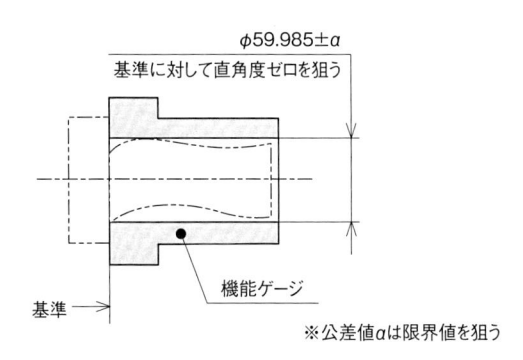

図5-14　Ⓜ真直度を指示した軸を検査する機能ゲージ

第5章　機能ゲージって、どない設計すんねん！

3-1) 平行度・・・穴の機能ゲージを設計する

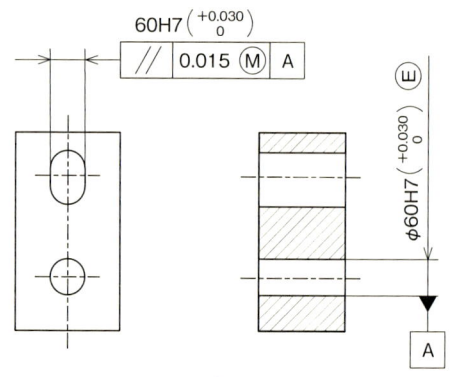

図5-15 穴にⓂ平行度を指示した図面

【機能ゲージ設計手順】
① 最大実体寸法を求める（質量が最も大きくなる寸法）…60.00 mm
② 図面に指示されている最大実体状態での幾何偏差…0.015 mm
③【穴を検査する】機能ゲージの寸法…60.00−0.015=59.985 mm

データムがサイズ形体であり部品ごとに寸法がばらつきますが、データムは動かないよう拘束しなければいけません。そこで、データムの穴を拘束するよう両側からテーパ形状のゲージを挟みこむことで、仮想のデータム中心線とみなすこととします。可動ゲージはダブルD形状とすることも可能です。

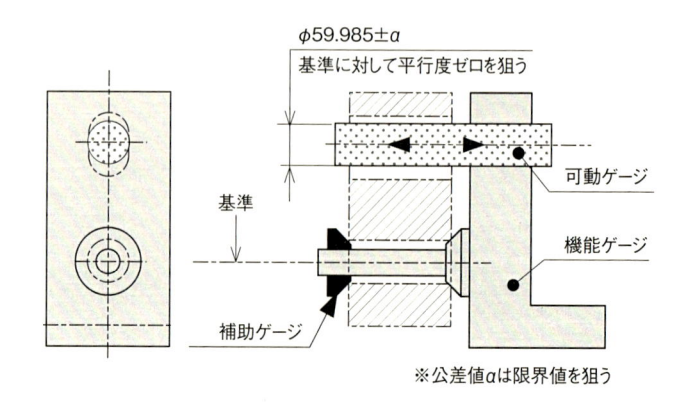

※下記の構造は一例であり、設計意図が同じであれば異なる構造でもOKです。

図5-16 Ⓜ平行度を指示した穴を検査する機能ゲージ

3-2) 平行度・・・軸の機能ゲージを設計する

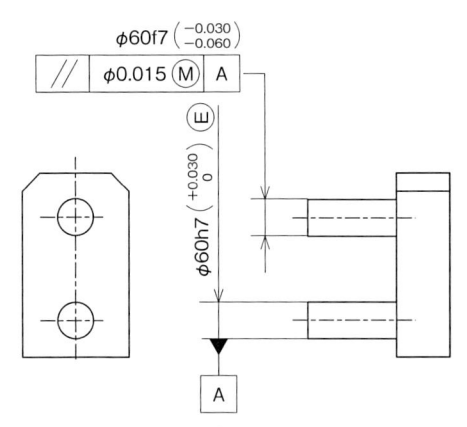

図5-17　軸にⓂ平行度を指示した図面

【機能ゲージ設計手順】
① 最大実体寸法を求める(重量が最も大きくなる寸法)…φ59.970 mm
② 最大実体状態での幾何特性の許容範囲…φ0.015 mm
③【軸を検査する】機能ゲージの寸法…φ59.970+φ0.015＝φ59.985 mm

　データムがサイズ形体であり部品ごとに寸法がばらつきますが、データムは動かないよう拘束しなければいけません。そこで、データムを拘束するためVブロック状の溝を設け、2本の母線で受けることで仮想のデータム中心線とみなします。次に平行度はデータムと対象部の位置を規制できないため、可動ゲージによって上下の位置補正ができる構造にしました。
※下記の構造は一例であり、設計意図が同じであれば異なる構造でもOKです。

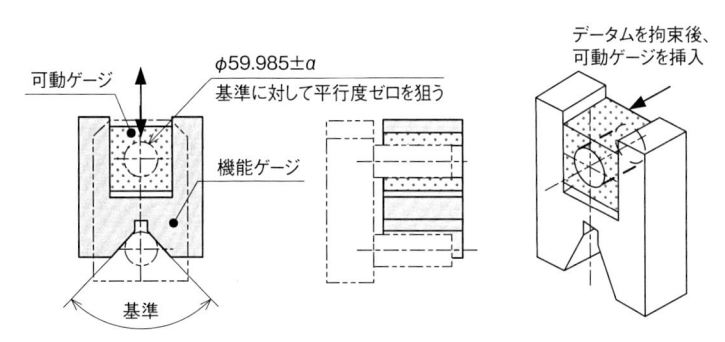

図5-18　Ⓜ平行度を指示した軸を検査する機能ゲージ

第5章　機能ゲージって、どない設計すんねん！

φ(@°▽°@) メモメモ

平行度と対称度を勘違いしないよう注意！

　ここで、勘違いから混乱しないよう確認をしておきます。
　本例では、図に惑わされて、2つの穴が外形に対してちょうどど真ん中、つまり対称位置になければいけないように勘違いしがちです。
　しかし、今回は平行度のみを規制するものですから、外形に対する位置は規制しません。ここで、外形に対して穴や軸が中央にない場合を考えてみましょう。下図は、わかりやすいように極端に位置をずらしていますが、本来は寸法公差の範囲での位置ずれとなります。

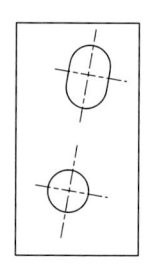

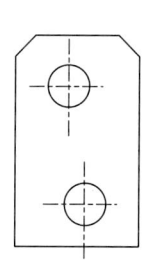

　下図のように、部品の外形と穴位置がずれた状態であっても、部品にゲージがスムーズに挿入できれば、平行度を満足していると判断されます。

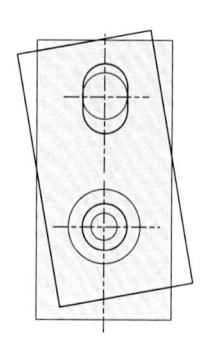

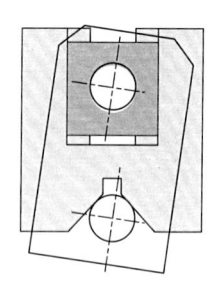

4-1） 傾斜度・・・穴の機能ゲージを設計する

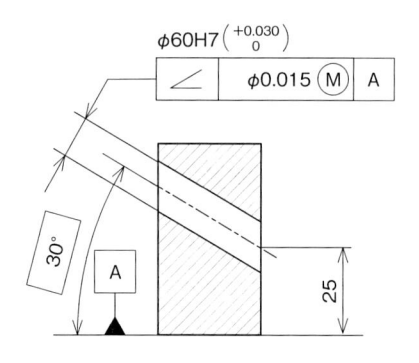

図5-19　穴にⓂ傾斜度を指示した図面

【機能ゲージ設計手順】
① 最大実体寸法を求める（質量が最も大きくなる寸法）…φ60.00 mm
② 最大実体状態での幾何特性の許容範囲…φ0.015 mm
③【穴を検査する】機能ゲージの寸法…φ60.00−φ0.015＝φ59.985 mm

　部品の底面がデータムであるため、機能ゲージの底面もそれに対応するよう基準面とします。対象部品を機能ゲージの軸部に挿入した後にデータム面が密着しているかどうかを検査します。あるいはデータム面を拘束したうえで、部品に可動ゲージを差し込み機能ゲージまで貫通して挿入することができるかを評価するゲージ構造とすることもできます。
※下記の構造は一例であり、設計意図が同じであれば異なる構造でもOKです。

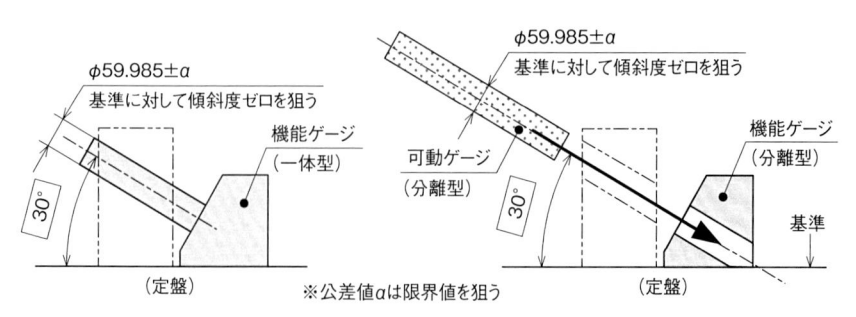

a）一体型（データム面の密着を検査）　　b）分離型（データム面を密着後に傾斜を検査）

図5-20　Ⓜ傾斜度を指示した穴を検査する機能ゲージ

4-2) 傾斜度・・・軸の機能ゲージを設計する

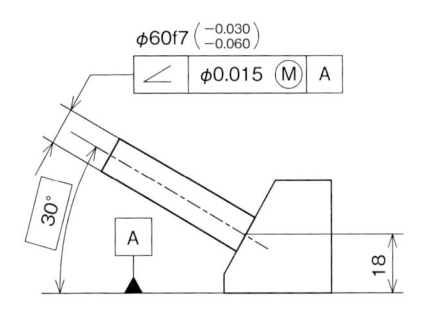

図5-21 軸にⓂ傾斜度を指示した図面

【機能ゲージ設計手順】
① 最大実体寸法を求める(質量が最も大きくなる寸法)…φ59.970 mm
② 最大実体状態での幾何特性の許容範囲…φ0.015 mm
③ 【軸を検査する】機能ゲージの寸法…φ59.970+φ0.015=φ59.985 mm

　部品の底面がデータムであるため、機能ゲージの底面もそれに対応するよう基準面とします。対象部品を機能ゲージの軸部に挿入した後にデータム面が密着しているかどうかを検査します。
※下記の構造は一例であり、設計意図が同じであれば異なる構造でもOKです。

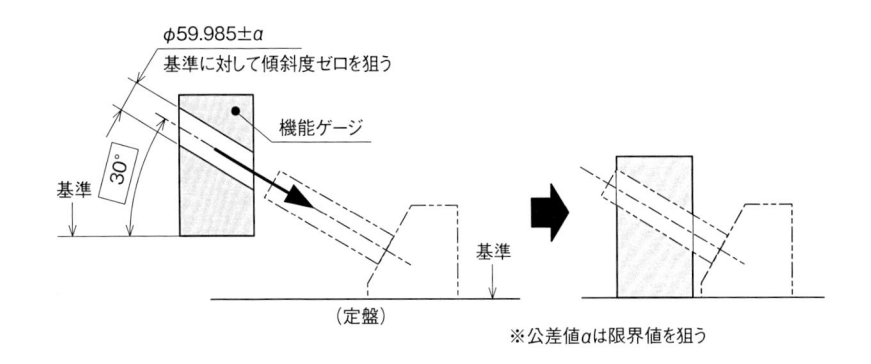

図5-22 Ⓜ傾斜度を指示した軸を検査する機能ゲージ

5-1) 同軸度・・・穴の機能ゲージを設計する

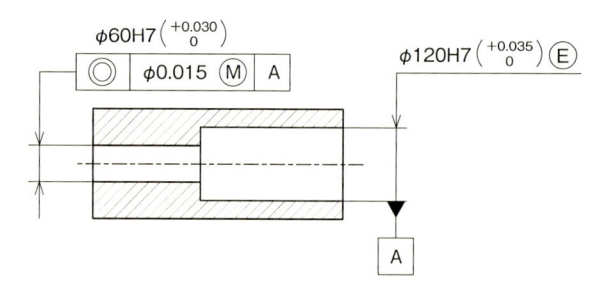

図5-23 穴にⓂ同軸度を指示した図面

【機能ゲージ設計手順】
① 最大実体寸法を求める（質量が最も大きくなる寸法）…φ60.00 mm
② 最大実体状態での幾何特性の許容範囲…φ0.015 mm
③【穴を検査する】機能ゲージの寸法…φ60.00−φ0.015＝φ59.985 mm

　このゲージの場合、平行度の事例と同じようにデータムがサイズ形体であるため、データム穴の寸法がばらついてしまいます。データム穴を拘束するためコレットチャック状の治具を製作します。
　機能ゲージでデータムを拘束後、機能ゲージと同軸に配置された可動ゲージが挿入できるかどうかを判定します。
※下記の構造は一例であり、設計意図が同じであれば異なる構造でもOKです。

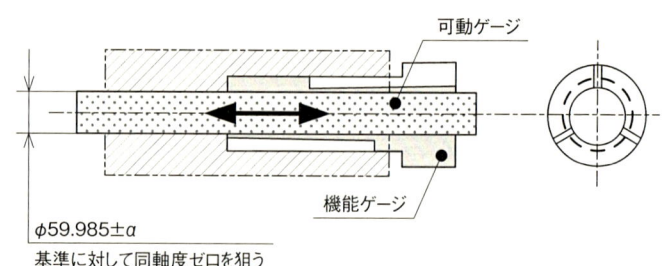

図5-24　Ⓜ同軸度を指示した穴を検査する機能ゲージ

5-2) 同軸度・・・軸の機能ゲージを設計する

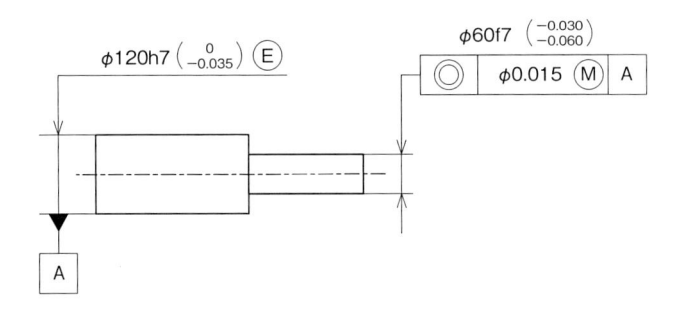

図5-25　軸にⓂ同軸度を指示した図面

【機能ゲージ設計手順】
① 最大実体寸法を求める(重量が最も大きくなる寸法)…φ59.970 mm
② 最大実体状態での幾何特性の許容範囲…φ0.015 mm
③【軸を検査する】機能ゲージの寸法…φ59.970+φ0.015＝φ59.985 mm

　データムがサイズ形体であるため、データム軸の寸法がばらついてしまいます。データム軸を拘束するためコレットチャック状の治具を製作します。
　機能ゲージでデータムを拘束後、機能ゲージと同軸に配置された可動ゲージが挿入できるかどうかを判定します。
※下記の構造は一例であり、設計意図が同じであれば異なる構造でもOKです。

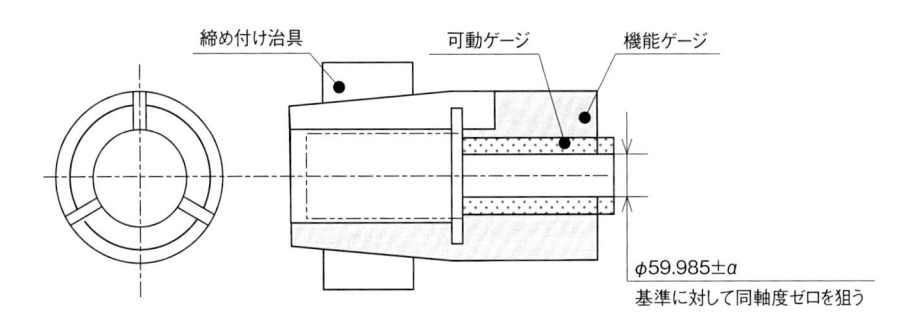

φ59.985±α
基準に対して同軸度ゼロを狙う

※公差値αは限界値を狙う

図5-26　Ⓜ同軸度を指示した軸を検査する機能ゲージ

φ(@°▽°@) メモメモ

コレットチャック

　コレットとは筒を意味し、旋盤などでワークや工具を保持する部品のことをコレットチャックといいます。

　穴を固定する場合、ワークの形状に合わせて軸を加工し中心から放射状に切込みを入れ、コレットにワークを差し込んだ後に中心穴からテーパ軸などを挿入し、締め付け芯出しを行います。

　軸を固定する場合、ワークの形状に合わせて穴を加工し、中心から放射状に切込みを入れ、穴にワークを差し込んだ後に外側からテーパやその他の方法で締め付け芯出しを行います。

　フライス盤やマシニングセンタ等で使用するコレットチャックを示します。

| ストレート・コレット | ベビー・コレット |

6-1) 対称度···凹溝の機能ゲージを設計する

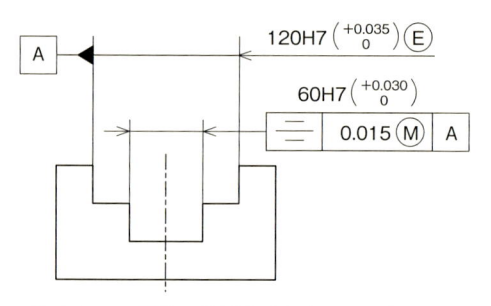

図5-27 凹溝にⓂ対称度を指示した例

【機能ゲージ設計手順】
① 最大実体寸法を求める(質量が最も大きくなる寸法)···60.00 mm
② 最大実体状態での幾何特性の許容範囲···0.015 mm
③【凹溝を検査する】機能ゲージの寸法···60.00−0.015=59.985 mm

このゲージの場合もデータムがサイズ形体であるため、データム溝の寸法がばらついてしまいます。データム溝を拘束するため、簡易的にゲージをテーパ状に加工し、データムの溝の入口を使う構造を考えます。

データムを固定後、可動ゲージが挿入できるかどうかを判定します。
※下記の構造は一例であり、設計意図が同じであれば異なる構造でもOKです。

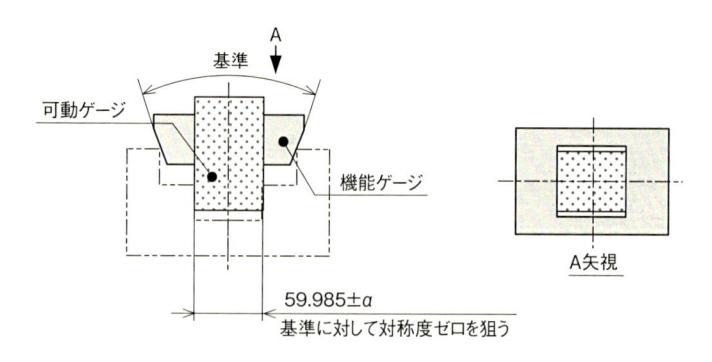

図5-28 Ⓜ対称度を指示した凹溝を検査する機能ゲージ

6-2) 対称度・・・凸幅の機能ゲージを設計する

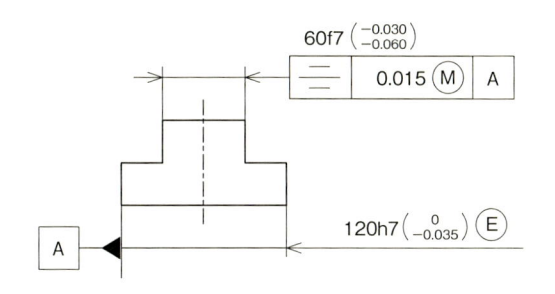

図5-29 凸幅に⑩対称度を指示した図面

【機能ゲージ設計手順】
① 最大実体寸法を求める（重量が最も大きくなる寸法）・・・59.970 mm
② 最大実体状態での幾何特性の許容範囲・・・0.015 mm
③ 【凸幅を検査する】機能ゲージの寸法・・・59.970+0.015＝59.985 mm

　データムがサイズ形体であるため、データム幅の寸法がばらついてしまいます。データム幅を拘束するため、簡易的にゲージをテーパ状に加工し、データム幅の角部を使って拘束するような構造を考えます。
　データムを拘束後、可動ゲージが挿入できるかどうかを判定します。
※下記の構造は一例であり、設計意図が同じであれば異なる構造でもOKです。

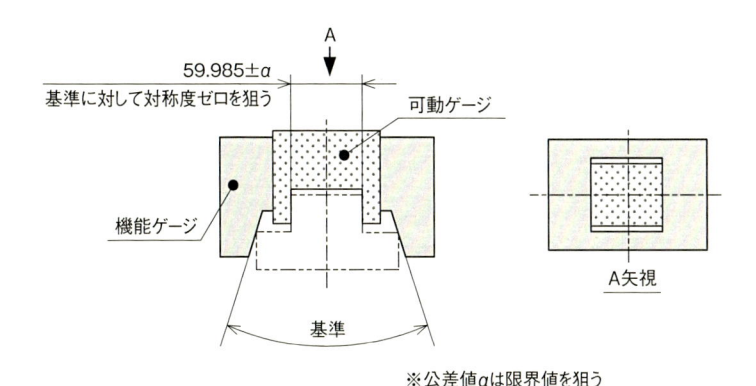

図5-30 ⑩対称度を指示した凸幅を検査する機能ゲージ

第5章 機能ゲージって、どない設計すんねん！

7-1) 位置度‥‥穴の機能ゲージを設計する

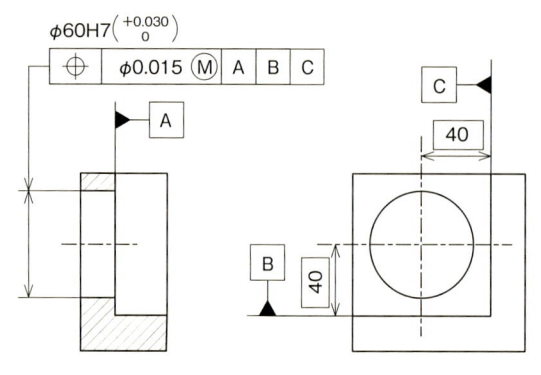

図5-31 穴に Ⓜ 位置度を指示した図面

【機能ゲージ設計手順】
① 最大実体寸法を求める(質量が最も大きくなる寸法)‥‥φ60.00 mm
② 最大実体状態での幾何特性の許容範囲‥‥φ0.015 mm
③【穴を検査する】機能ゲージの寸法‥‥φ60.00−φ0.015＝φ59.985 mm

　今回は3つのデータムがありますが、全て表面であることからサイズ形体ではありません。したがって、基準面からの位置精度を上げ、上記の計算によって求めた直径を機能ゲージの寸法とします。
　対象部品を機能ゲージの軸部に挿入できることを確認し、かつ3つのデータム面が全て密着しているかどうかを検査します。
※下記の構造は一例であり、設計意図が同じであれば異なる構造でもOKです。

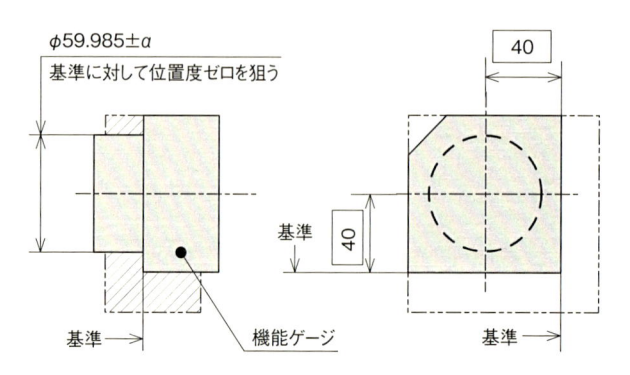

※公差値αは限界値を狙う

図5-32　Ⓜ位置度を指示した穴を検査する機能ゲージ

7-2) 位置度・・・軸の機能ゲージを設計する

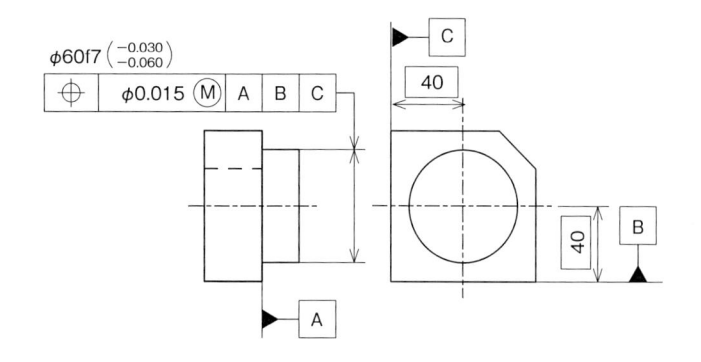

図5-33　軸にⓂ位置度を指示した図面

【機能ゲージ設計手順】
① 最大実体寸法を求める(重量が最も大きくなる寸法)・・・φ59.970 mm
② 最大実体状態での幾何特性の許容範囲・・・φ0.015 mm
③【軸を検査する】機能ゲージの寸法・・・φ59.970+φ0.015=φ59.985 mm

このゲージも、穴部品のゲージと同じように3つのデータムが表面でありサイズ形体ではありません。したがって、基準面からの位置精度を上げ、上記の計算によって求めた直径をゲージの寸法とします。

対象部品を機能ゲージの穴に挿入できることを確認し、かつ3つのデータム面が全て密着しているかどうかを検査します。

※下記の構造は一例であり、設計意図が同じであれば異なる構造でもOKです。

※公差値αは限界値を狙う

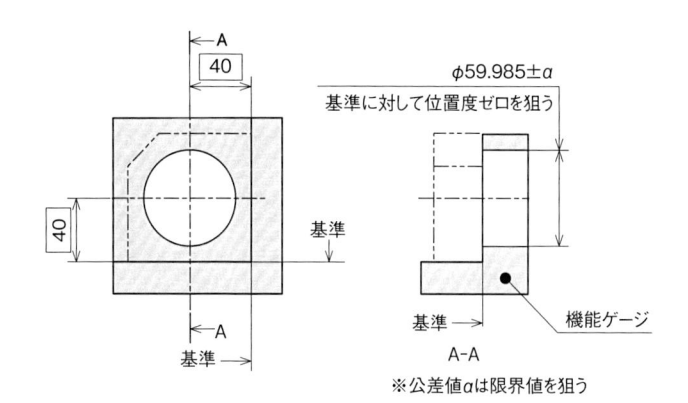

図5-34　Ⓜ位置度を指示した軸を検査する機能ゲージ

このように、各種幾何特性別の機能ゲージの設計方法を理解しました。

しかし、データムがサイズ形体の場合、データムを拘束するために機能ゲージの構造が複雑になり検査コストが本当に下がるのかという疑問をもった方もいると思います。

しかし、次章で学習するデータムに最大実体公差方式を適用することで、さらに機能ゲージの設計が簡単になり、検査工数も劇的に下がることになります。

第5章のまとめ

第5章で学んだこと

最大実体公差方式を適用した場合の検査の手順や機能ゲージの設計方法を知りました。形状によっては機能ゲージが複雑になり、データムを拘束したうえで検査する方法や、その逆にデータム面が最終的に密着するかどうかを検査する方法があることもわかりました。

わかったこと

機能ゲージの設計手順

最大実体寸法を求める → 幾何公差値を確認する → 対象が穴の場合は、足し算する → 対象が軸の場合は、引き算する → データムは拘束する構造とする

- 寸法や寸法公差を確認した後に、幾何公差を検査する
- 寸法は、限界ゲージを使っても検査できる
- 最大実体公差方式でも、寸法公差を確認後、幾何公差を検査する
- 最大実体公差の検査は、機能ゲージを用いる
- 機能ゲージの寸法公差や幾何特性は加工限界を狙う

次にやること

更なるコストダウン化を図るためのツールがあります。それがゼロ幾何公差方式とデータムに最大実体公差を適用するというものです。
次章で最大実体公差方式の最終テクニックを学習しましょう。

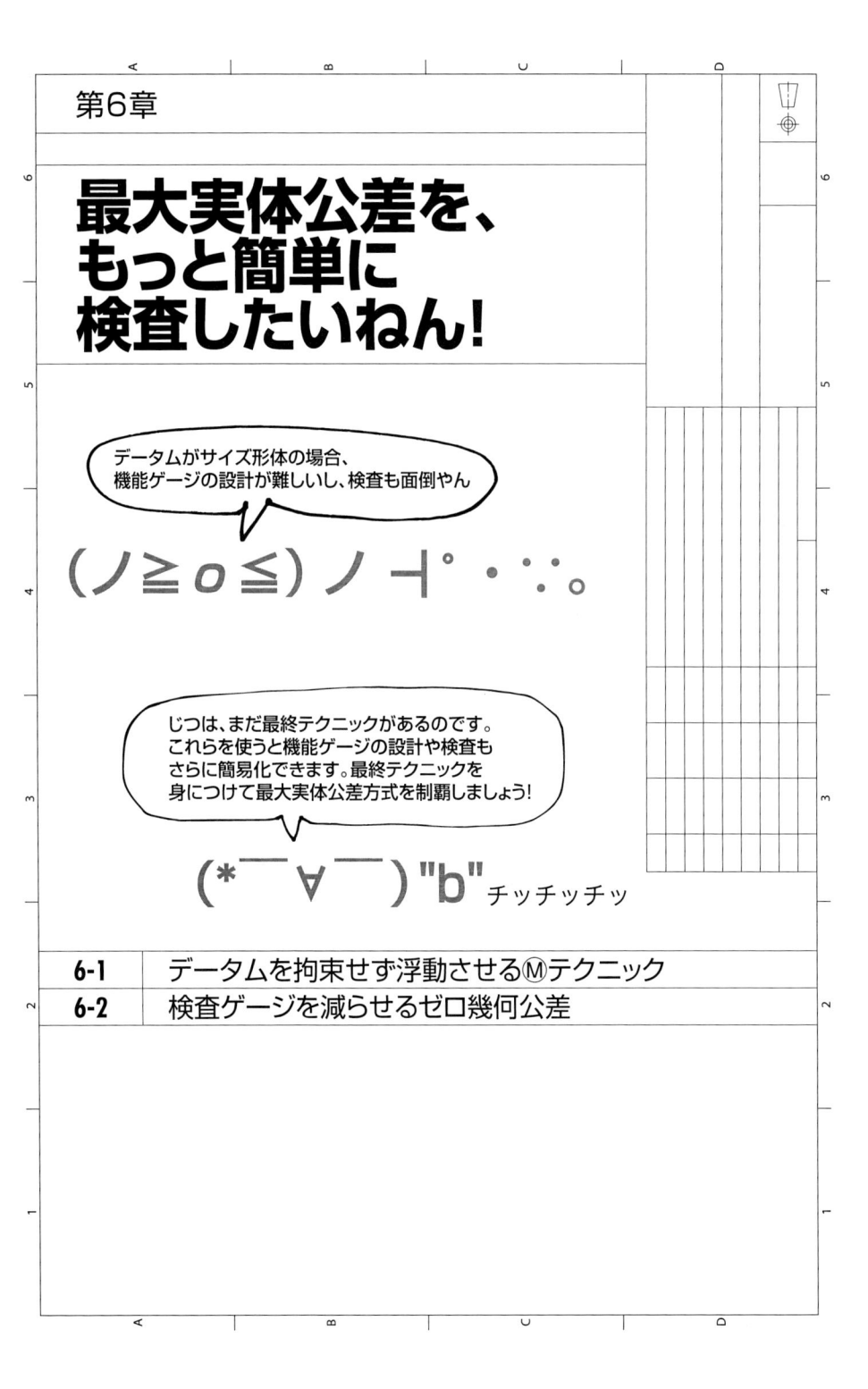

第6章

最大実体公差を、もっと簡単に検査したいねん!

> データムがサイズ形体の場合、機能ゲージの設計が難しいし、検査も面倒やん

(ノ≧o≦)ノ┴┴ ・∴。

> じつは、まだ最終テクニックがあるのです。これらを使うと機能ゲージの設計や検査もさらに簡易化できます。最終テクニックを身につけて最大実体公差方式を制覇しましょう!

(*￣∀￣)"b" チッチッチッ

6-1	データムを拘束せず浮動させるⓂテクニック
6-2	検査ゲージを減らせるゼロ幾何公差

| 第6章 | 1 | # データムを拘束せず浮動させるⓂテクニック |

　第2章の図2-2で示したように、公差記入枠の中に記入されるデータム記号の後にⓂをつけることができます。

　通常の最大実体公差方式で、データムがサイズ形体である場合、データム形体の寸法ばらつきに関係なく、検査時にはデータム形体がガタつかないよう拘束する必要がありました。

　しかしデータムを拘束しようとすると、機能ゲージの構造が複雑になるといった弊害もありました。

　ここで、最大実体公差方式の原点に立ち戻ってみましょう。

　最大実体公差方式は、「2つのフランジのボルト穴とそれらを締め付けるボルトとのように、部品の組立は、互いにはめ合わされる形体の実寸法と実際の幾何偏差との間の関係に依存する。はまり合う部品の実寸法が両許容限界寸法内で、それらの最大実体寸法にない場合には、指示した幾何公差を増加させても組立に支障をきたすことはない。」と定義されていました。

　上記は、幾何特性を与える対象部についての記述ですが、「2部品がはめ合わせることができればよい」という条件であれば、サイズ形体を持つデータム形体にも最大実体公差方式を適用できるはずです。

> んんん？
> データムにも
> 最大実体公差を
> 適用するんですか…

> データといっても、
> サイズ形体だけしか
> 適用でけへんから、
> 注意せなあかんで！

データムに Ⓜ を指示することは、データムを「拘束」せず「浮動」させることを意味します。
　浮動を辞書で調べると、「一定の場所に定まらないでただよい動くこと」と書いてあります。つまり、基準であるデータムを動かしてもよいということです。
　データムの浮動をわかりやすい事例を用いて下記に説明します。
　ブロックに2つの穴が開いており、位置度公差に最大実体公差方式が適用されている場合を考えてみます。

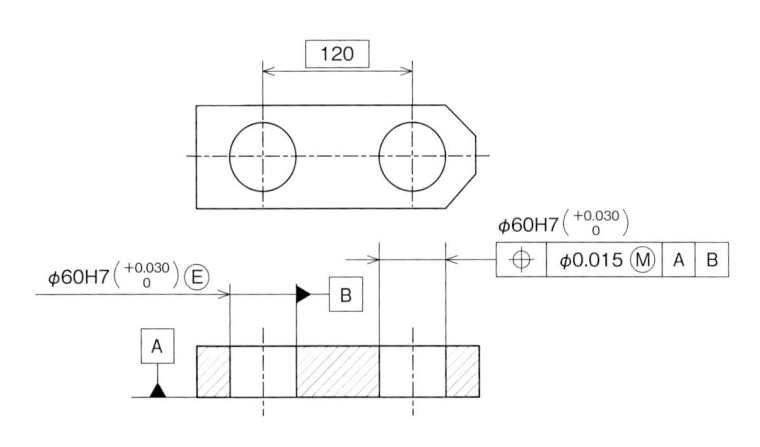

図6-1　位置度にⓂを指示した図面

　第5章で学習してきたように、上記の部品を検査する機能ゲージの構造例は下記のようになります。

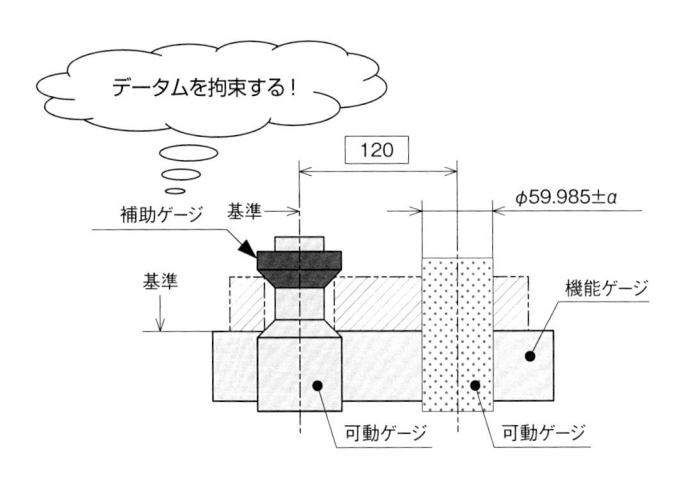

図6-2　位置度にⓂを指示した部品の機能ゲージ

第6章　最大実体公差を、もっと簡単に検査したいねん!

図6-1の図面では、データムAとデータムBの2つの基準があり、サイズ形体であるのはデータムBの方です。したがって、データムに Ⓜ を適用できるのはデータムBのみとなります。

それでは、図6-1のデータムBに最大実体公差方式を適用してみましょう。

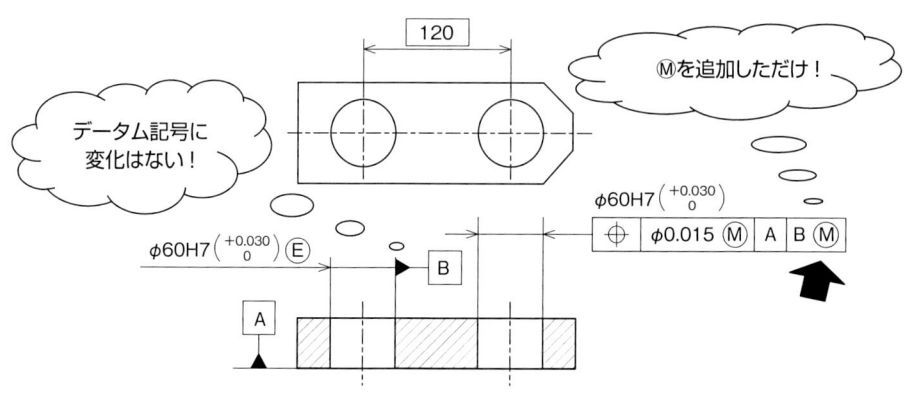

図6-3 位置度のデータムに Ⓜ を指示した図面

さて、サイズ形体のデータムに最大実体公差が指示された場合、機能ゲージのデータム部の寸法は、次のように設計します。

【データムに最大実体公差方式が指示された場合の機能ゲージ設計手順】
・機能ゲージのデータム部寸法
【データム穴】最大実体寸法を求める(質量が最も大きくなる寸法)
【データム軸】最大実体寸法を求める(質量が最も大きくなる寸法)

したがって、下図に示すようにデータム部に対応するゲージの軸径は、データム穴の最大実体寸法とするだけでよいのです。

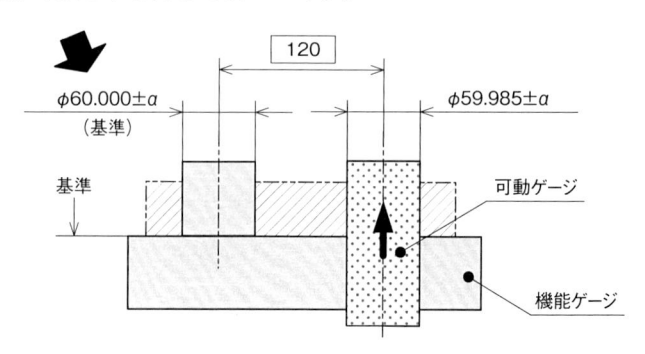

図6-4 位置度のデータム穴に Ⓜ を適用した時の機能ゲージ

サイズ形体のデータムに最大実体公差方式を適用した機能ゲージにどんなメリットがあるのかを確認してみましょう。
　データムに Ⓜ をつけない場合、データムを拘束して検査を行わなければいけません。
　したがって、下図のようにわずかに幾何偏差を超えて穴位置がずれている場合、可動ゲージを挿入できないため、判定は不良品となります。

干渉してゲージを挿入できないため、不良品と判定される

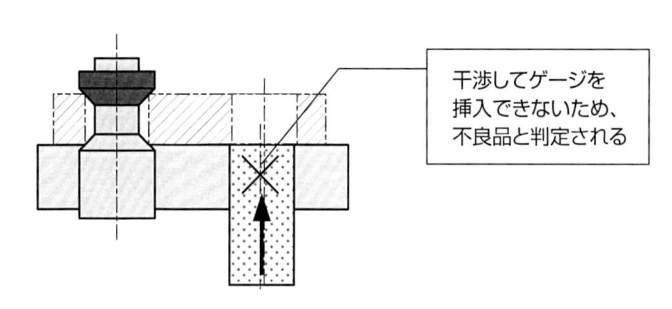

図6-5　位置度をわずかに満足できない不良部品

　ここで、データムに Ⓜ をつけた場合、データム形体の成り行きの寸法に依存するのですが、データム形体が最小実体寸法に近づいた差分だけ、データム側の機能ゲージに隙間ができます。このデータム部の隙間分、機能ゲージごと移動させることができ、上記で不良品であった部品が良品として採用することができる可能性が増えるのです。この原理を「データムの浮動」といいます。
　データムを拘束する必要がないので、データム部は挿入できればよいという考え方から、一体型の機能ゲージを使用することができ、検査の簡素化が図れます。

データム部のゲージと穴に隙間がある場合、その隙間分を動かすと、ゲージを挿入できるかもしれない

ラッキー☆

データムが浮動　　幾何偏差をわずかにオーバー

最大実体寸法から離れた寸法

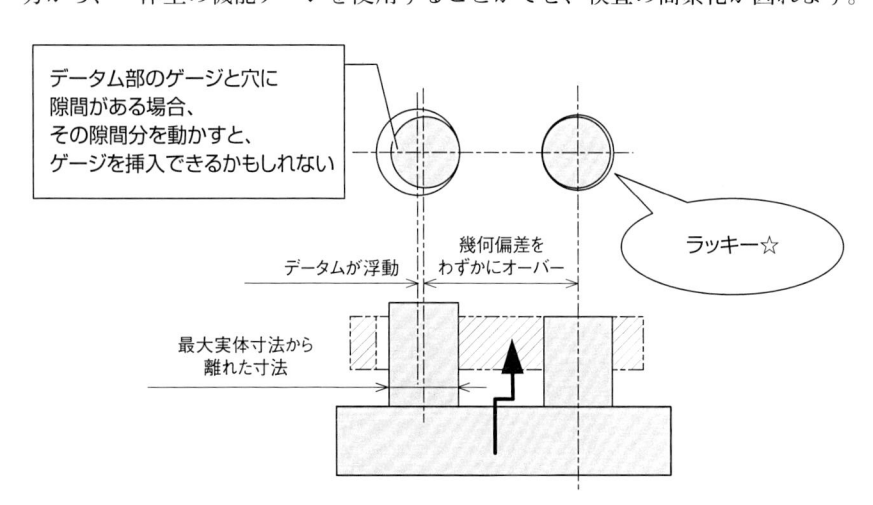

図6-6　データムの浮動によって不良品が良品に変化する仕組み

ここで、勘違いしてはいけないことがあります。

必ずデータムが浮動するとは限らず、部品のデータム形体が最大実体寸法でできた場合は、機能ゲージのデータム側は隙間が原則ゼロとなり、データムを拘束した場合と同じ意味をもつということです。

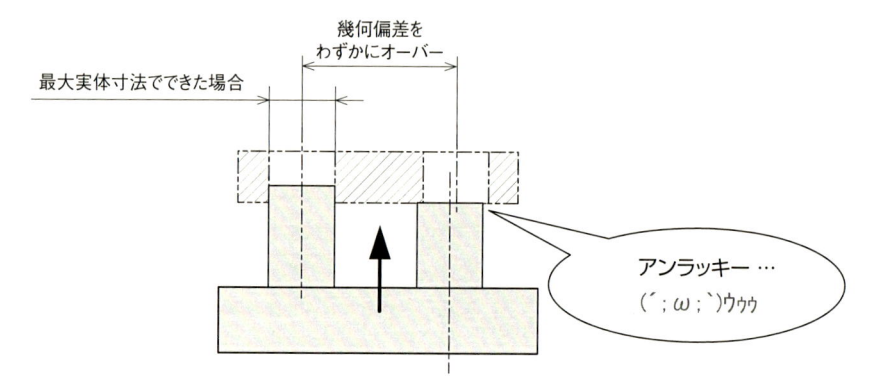

図6-7 データムに Ⓜ を指示してもデータムが浮動しない条件

> なるほど！
> データムに Ⓜ をつけても、
> データム形体の成り行き
> 寸法に依存するから、
> 必ずしもデータムが
> 浮動するとは限らへんのか～

データムに Ⓜ を指示した場合、データムを拘束させる構造が不要となります。機能ゲージのデータム部の寸法は最大実体寸法で製作するだけでよく、ゲージ設計が大変シンプルになることがわかりました。

本書の第3章～第5章で説明に使ったサンプル事例の中から、データム形体がサイズ形体であった「平行度」「同軸度」「対称度」の3つの幾何特性に対して、データム形体にⓂをつけてみましょう。

1-1）平行度…穴のデータムに最大実体公差方式を適用した場合

　第3章で示した穴の平行度に最大実体公差方式を適用した図面を元に、データムにⓂを適用しました。

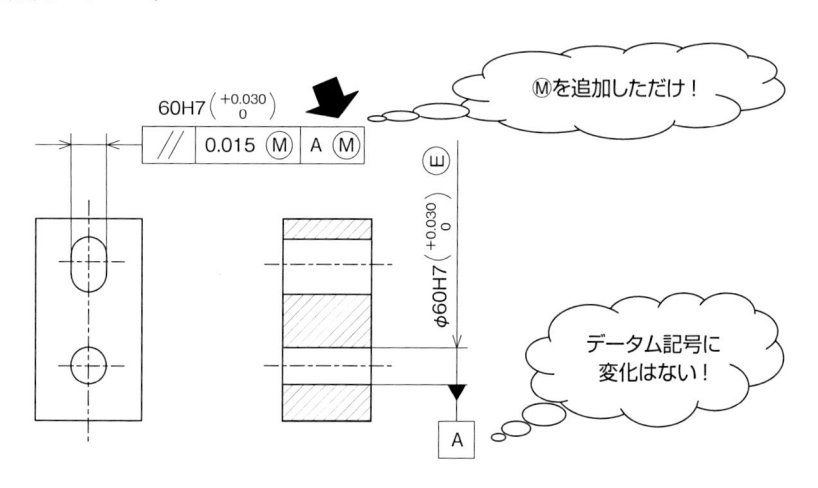

図6-8　平行度のデータム穴にⓂを指示した図面

　データム穴がサイズ形体の場合、機能ゲージのデータム部の軸径は最大実体寸法で設計すればよいのです。

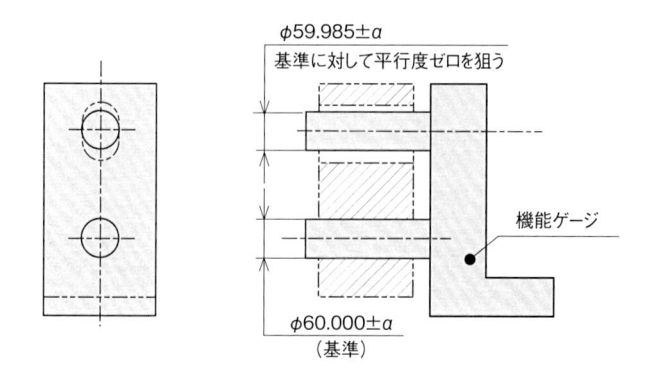

図6-9　データムにⓂを適用したときの機能ゲージ

1-2) 平行度…軸のデータムに最大実体公差方式を適用した場合

第3章で示した軸の平行度に最大実体公差方式を適用した図面を元に、データムにⓂを適用しました。

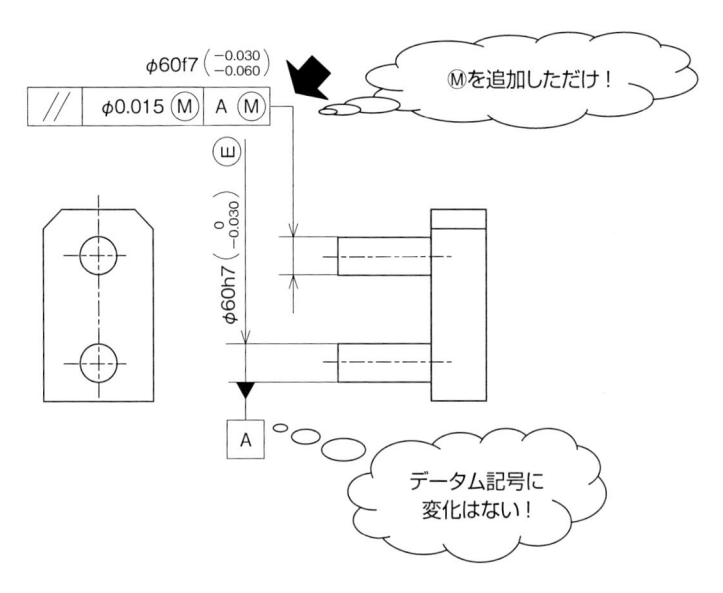

図6-10　平行度のデータム軸にⓂを指示した図面

データム軸がサイズ形体の場合、機能ゲージのデータム部の穴径は最大実体寸法で設計すればよいのです。

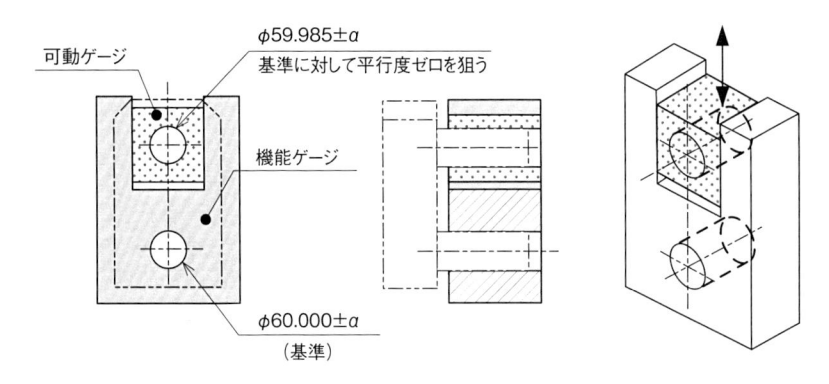

図6-11　データムにⓂを適用したときの機能ゲージ

第6章　最大実体公差を、もっと簡単に検査したいねん！

2-1）同軸度…穴のデータムに最大実体公差方式を適用した場合

第4章で示した穴の同軸度に最大実体公差方式を適用した図面を元に、データムにⓂを適用しました。

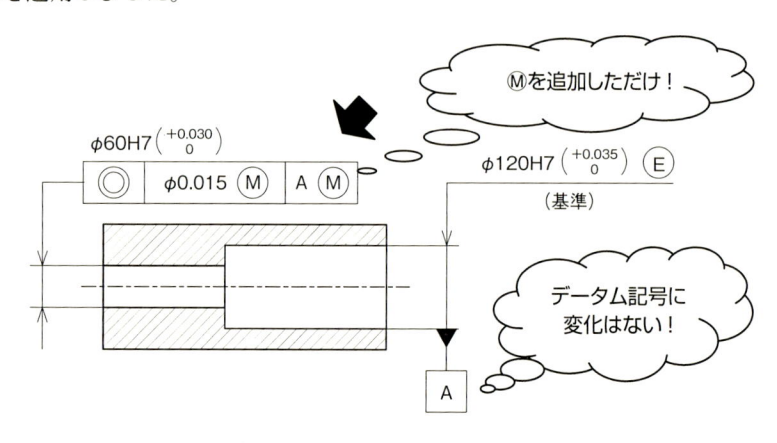

図6-12　同軸度のデータム穴にⓂを指示した図面

データム穴がサイズ形体の場合、機能ゲージのデータム部の軸径は最大実体寸法で設計すればよいのです。

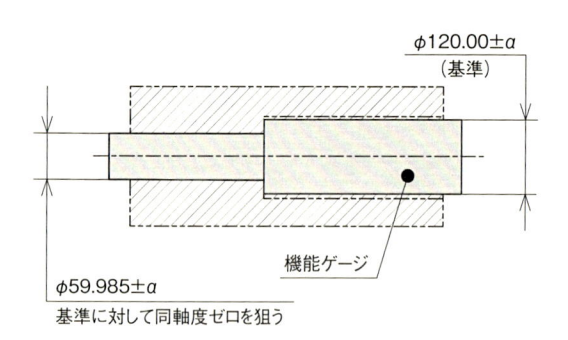

図6-13　データムにⓂを適用したときの機能ゲージ

2-2) 同軸度…軸のデータムに最大実体公差方式を適用した場合

　第4章で示した軸の同軸度に最大実体公差方式を適用した図面を元に、データムにⓂを適用しました。

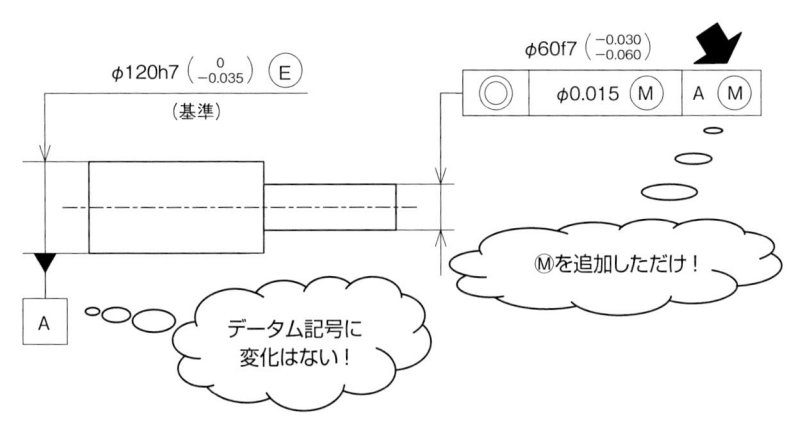

図6-14　同軸度のデータム軸にⓂを指示した図面

　データム軸がサイズ形体の場合、機能ゲージのデータム部の穴径は最大実体寸法で設計すればよいのです

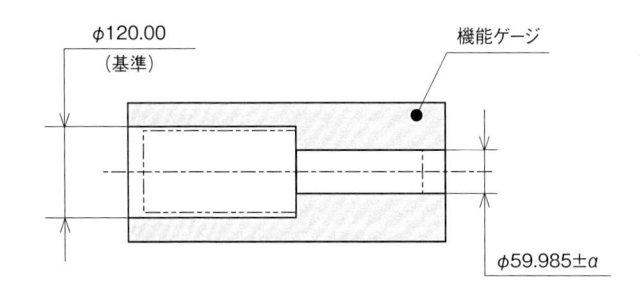

図6-15　データムにⓂを適用したときの機能ゲージ

3-1）対称度…凹溝のデータムに最大実体公差方式を適用した場合

第4章で示した凹溝の対称度に最大実体公差方式を適用した図面を元に、データムにⓂを適用しました。

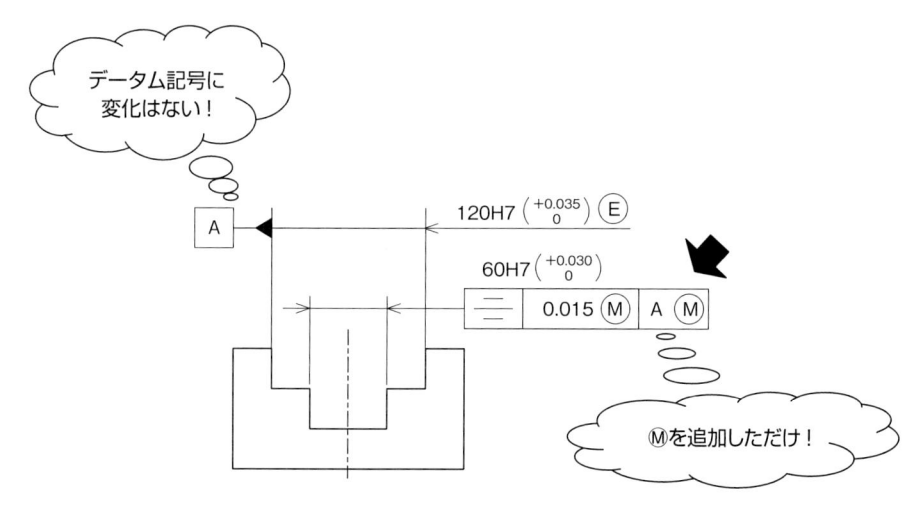

データム記号に変化はない！

Ⓜを追加しただけ！

図6-16　対称度のデータム溝にⓂを指示した図面

データム凹溝がサイズ形体の場合、機能ゲージのデータム部の幅は最大実体寸法で設計すればよいのです。

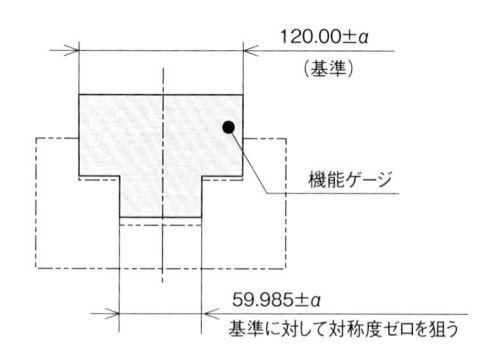

図6-17　データムにⓂを適用したときの機能ゲージ

3-2）対称度…凸幅のデータムに最大実体公差方式を適用した場合

第4章で示した凸幅の対称度に最大実体公差方式を適用した図面を元に、データムにⓂを適用しました。

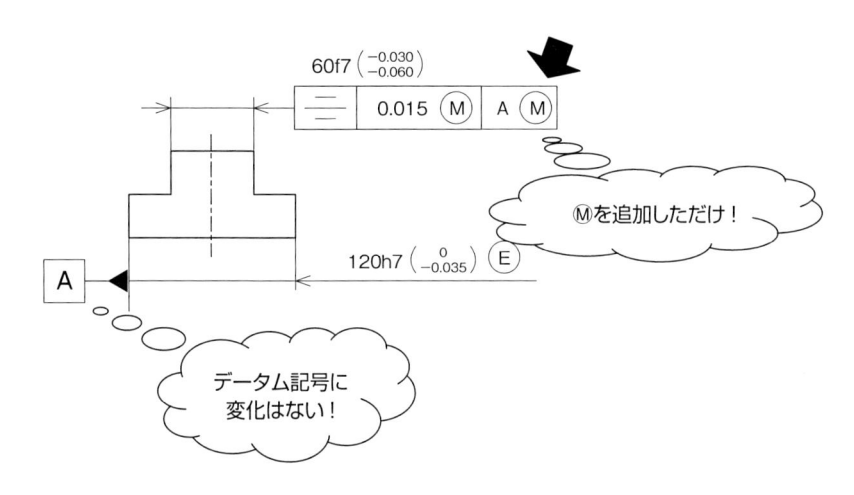

図6-18　対称度のデータム幅にⓂを指示した図面

凹溝側と同様に、データム凸幅がサイズ形体の場合、機能ゲージのデータム部の溝幅は最大実体寸法で設計すればよいのです。

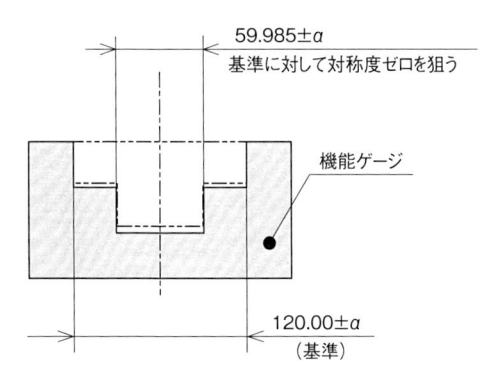

図6-19　データムにⓂを適用したときの機能ゲージ

第6章 2 検査ゲージを減らせるゼロ幾何公差

前項からデータムに Ⓜ を適用すれば、不良率が低減するうえ機能ゲージも簡素化できるため、トータルでコストダウンにつながることがわかりました。さらにコストダウンを図るためのテクニックに「ゼロ幾何公差方式」があります。

ゼロ幾何公差は、下記のように幾何公差値をゼロとして表現します。

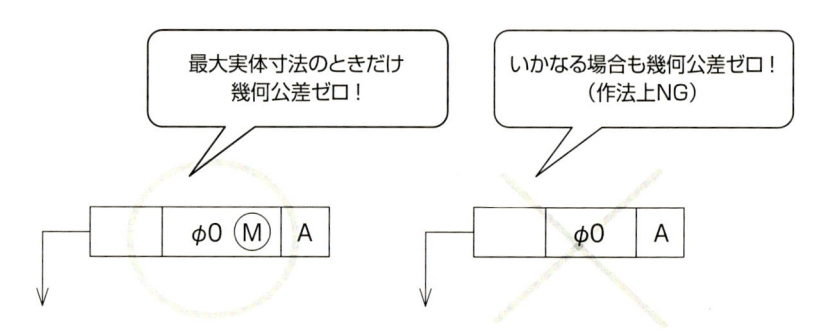

- 最大実体寸法のときだけ幾何公差ゼロ！ → φ0 Ⓜ A
- いかなる場合も幾何公差ゼロ！（作法上NG） → φ0 A ✕

図6-20　ゼロ幾何公差の正しい使い方

幾何公差にゼロが指示されたからといって、「幾何偏差を絶対許さない！」という、厳しい指示ではありません。

【ゼロ幾何公差方式の条件】
- 形体が最大実体寸法でできた場合、幾何特性の崩れは許さない。つまり、幾何公差ゼロを守らなければ不良となる。
- 形体が最大実体から離れた場合、差分だけ幾何公差をゼロからONする。つまり、最大実体寸法との差分が幾何公差の許容値となる。

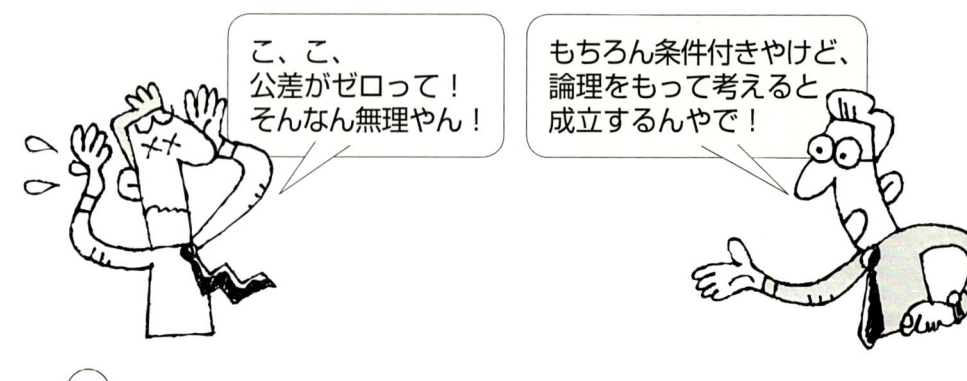

- こ、こ、公差がゼロって！そんなん無理やん！
- もちろん条件付きやけど、論理をもって考えると成立するんやで！

単純に、最大実体公差方式で表わした図面に対して、幾何公差をゼロと記入すればよいのでしょうか？
答えはNO！です。
それでは、本書の第3章～第4章で示したサンプル事例を使って、一般的な最大実体公差方式とゼロ幾何公差の違いを知りましょう。

1） 真直度にゼロ幾何公差を指示する場合

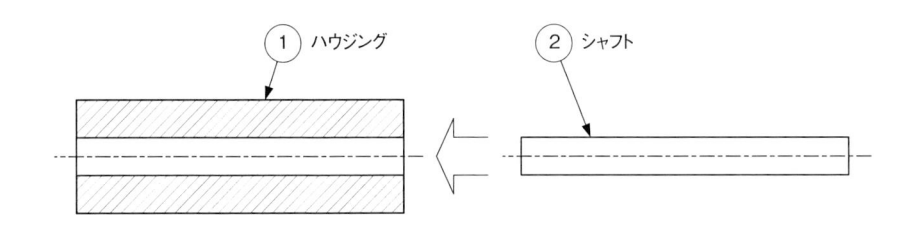

図6-21　ゼロ幾何公差を使って2部品をはめあう構造

ゼロ幾何公差方式も動的公差線図を描くと理解しやすくなります。
幾何公差がゼロとなるポイントを使うということで、動的公差線図が変化するので注意してください。
動的公差線図で、幾何公差がゼロになるポイントは縦軸の最下点になります。このときの寸法数値は2部品の中央値である「59.985」となります。

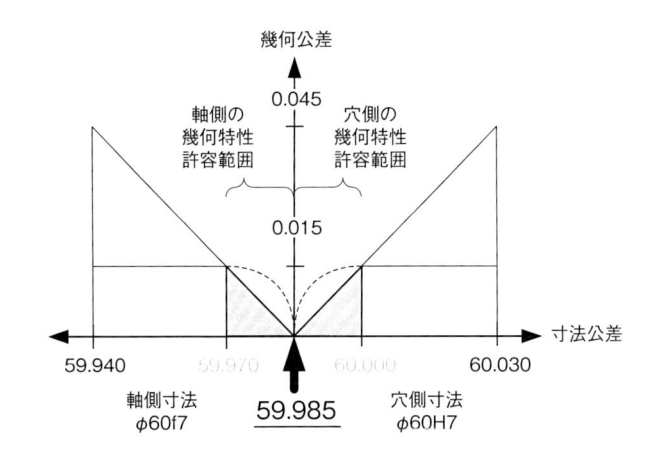

図6-22　真直度の場合のゼロ幾何公差方式を適用する動的公差線図

第6章　最大実体公差を、もっと簡単に検査したいねん！

もともと、幾何特性の崩れを考慮して、寸法マージンを取り寸法公差と幾何公差を決めてきました。ところが、ゼロ幾何公差では、前述の動的公差線図を見ればわかるように、寸法マージンをなくして設計することができます。
　その違いを図面で比較してみましょう。

a) 最大実体公差方式の図面　　　　b) ゼロ幾何公差方式の図面

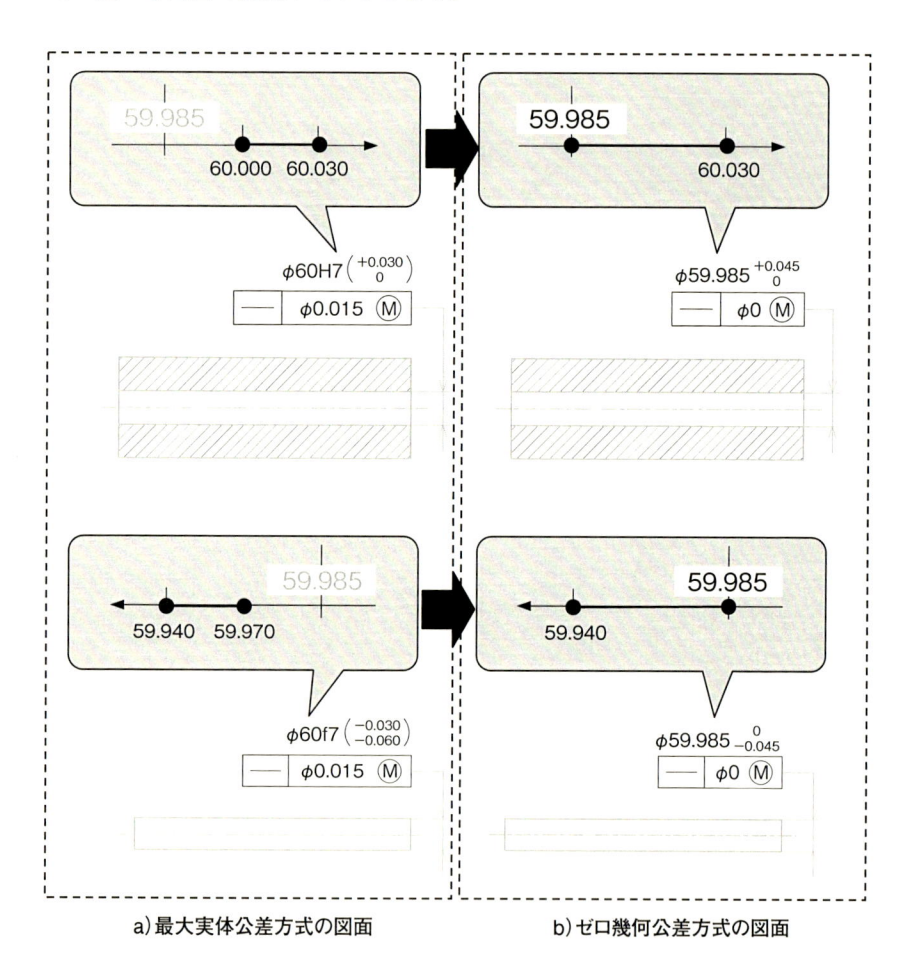

図6-23　ゼロ幾何公差を適用した場合の図面の変化

　図面を比較してみると、幾何公差の値がゼロになるとともに、基準寸法と寸法公差の範囲が変化していることに気がついたと思います。

実は、ゼロ幾何公差方式は、包絡の条件を示すⒺと全く同じことを表現しているのです。
　下図は、穴であろうと軸であろうと、最大実体寸法では幾何偏差は許さず、最大実体寸法から離れた差分だけ幾何偏差を許すという意味で全く同じであることがわかります。

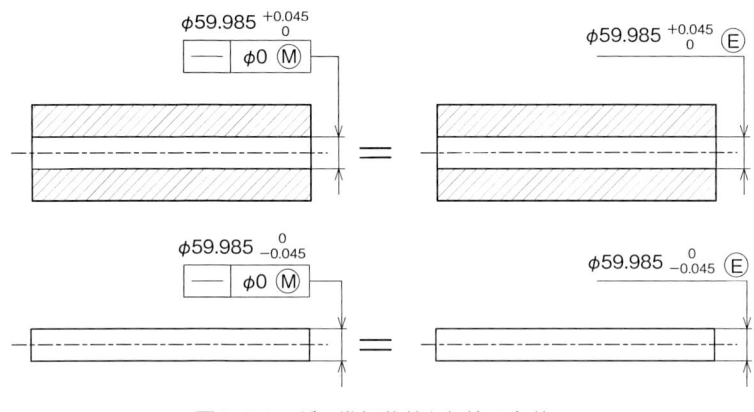

図6-24　ゼロ幾何公差と包絡の条件

　ゼロ幾何公差方式の機能ゲージは、最大実体公差方式を指示した場合の機能ゲージと全く同じものを使うことができます。

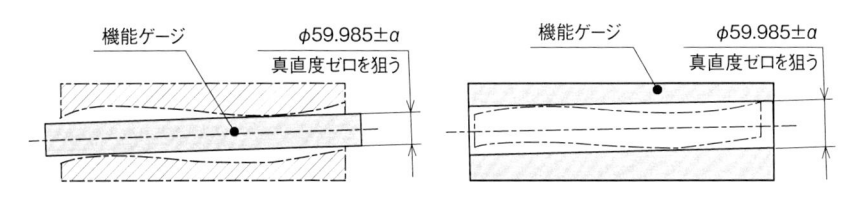

図6-25　ゼロ幾何公差の真直度を検査する機能ゲージ

　最大実体公差方式で指示した場合と全く同じ機能ゲージを使えるということは、ゼロ幾何公差にすると、幾何公差をゼロにする替わりに、寸法公差の範囲を広げることができるというメリットがあるのです。

φ(@°▽°@) メモメモ

ゼロ幾何公差指示によって、ゲージは2つですむ!?

前ページで、ゼロ幾何公差が寸法公差を広げるというメリットがわかりましたが、さらに検査工数の削減としてもメリットが発生するのです。

第5章で、はめあい公差など精度の高い寸法公差が指示されている場合、「Goゲージ」と「No Goゲージ」を使って寸法公差の範囲内にあるかを検査し、**「機能ゲージ」**を使って最大実体公差方式を満足しているかを検査すると学びました。

ここでゲージの役割をもう一度整理してみましょう。

「Goゲージ」………穴の場合、部品が最大実体寸法より大きいかを確認する。
　　　　　　　　　⇒穴が寸法公差範囲より小さくないかを確認する。
　　　　　　　　　軸の場合、部品が最大実体寸法より小さいかを確認する。
　　　　　　　　　⇒軸が寸法公差範囲より大きくないかを確認する。
「No Goゲージ」……穴の場合、部品が最小実体寸法より小さいかを確認する。
　　　　　　　　　⇒穴が寸法公差範囲より大きくないかを確認する。
　　　　　　　　　軸の場合、部品が最小実体寸法より大きいかを確認する。
　　　　　　　　　⇒軸が寸法公差範囲より小さくないかを確認する。
「機能ゲージ」………最大実体寸法で指定された寸法に幾何公差を加味し、最大実体寸法の領域をゲージで実現し、ボーナス公差を含めて確認する。

つまり、最大実体公差方式の検査には、上記の3つのゲージが必要でした。

ゼロ幾何公差方式にすると、最大実体寸法時の幾何公差がゼロであるため、「機能ゲージ」＝「Goゲージ」となります。

したがって、ゼロ幾何公差が指示された部品の検査手順は、次のようになり、2つのゲージで検査が可能となるのです。
① 「No Goゲージ」
② 「Goゲージ＝機能ゲージ」

へ～！
ゼロ幾何公差方式は、
ゲージの数も
減らせるんか～

その他の幾何特性の図面をゼロ幾何公差に変換してみましょう。

2) 直角度にゼロ幾何公差を指示する場合

ゼロ幾何公差を適用するために、黒矢印で示した基準寸法と寸法公差を変更します。検査用の機能ゲージは、図5-12、図5-14と全く同じになります。

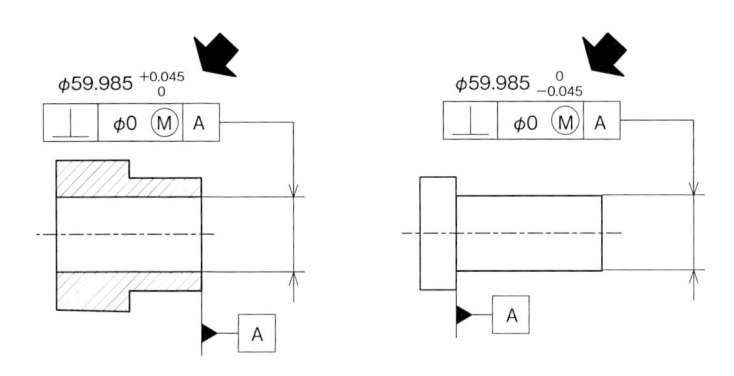

図6-26　直角度にゼロ幾何公差を指示した図面

3) 平行度にゼロ幾何公差を指示する場合

平行度の事例では、データムがサイズ形体であるため、ゼロ幾何公差に加えて、前項で学習したデータムにⓂを追加して図面を作成してみましょう。

ゼロ幾何公差を適用するために、黒矢印で示した基準寸法と寸法公差を変更し、データムに最大実体公差方式を適用するために、白矢印で示した部分にⓂを追記します。検査用の機能ゲージは、図6-9、図6-11と全く同じになります。

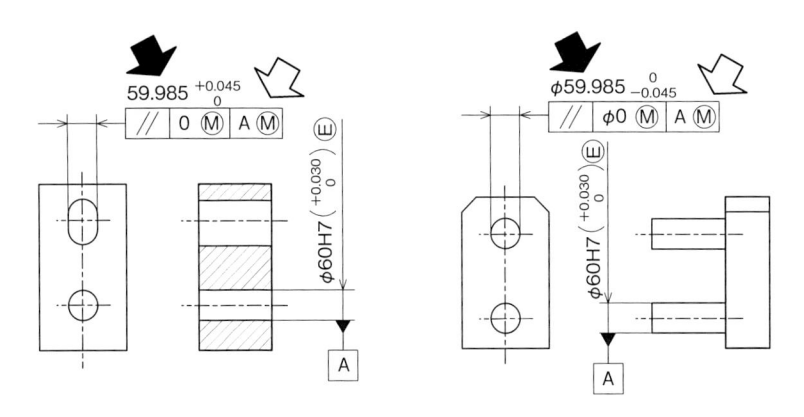

図6-27　平行度にゼロ幾何公差とデータムにⓂを指示した図面

第6章　最大実体公差を、もっと簡単に検査したいねん！

4) 傾斜度にゼロ幾何公差を指示する場合

ゼロ幾何公差を適用するために、黒矢印で示した基準寸法と寸法公差を変更します。検査用の機能ゲージは、図5-20、図5-22と全く同じになります。

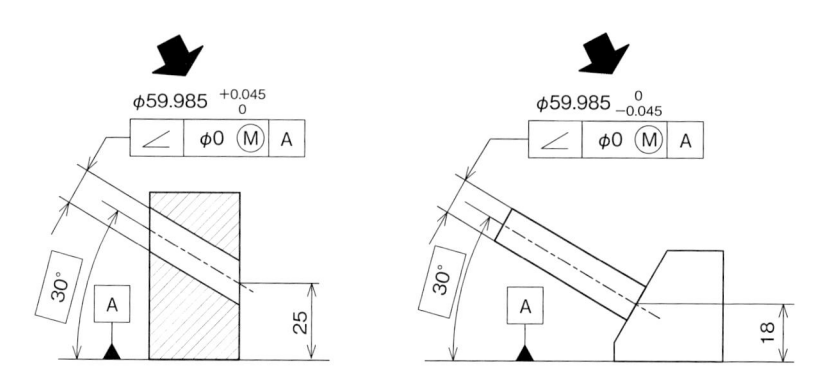

図6-28　傾斜度にゼロ幾何公差を指示した図面

5) 同軸度にゼロ幾何公差を指示する場合

同軸度の事例では、データムがサイズ形体であるため、ゼロ幾何公差に加えて、前項で学習したデータムにⓂを追加して図面を作成してみましょう。

ゼロ幾何公差を適用するために、黒矢印で示した基準寸法と寸法公差を変更し、データムに最大実体公差方式を適用するために白矢印で示した部分にⓂを追記します。検査用の機能ゲージは、図6-13、図6-15と全く同じになります。

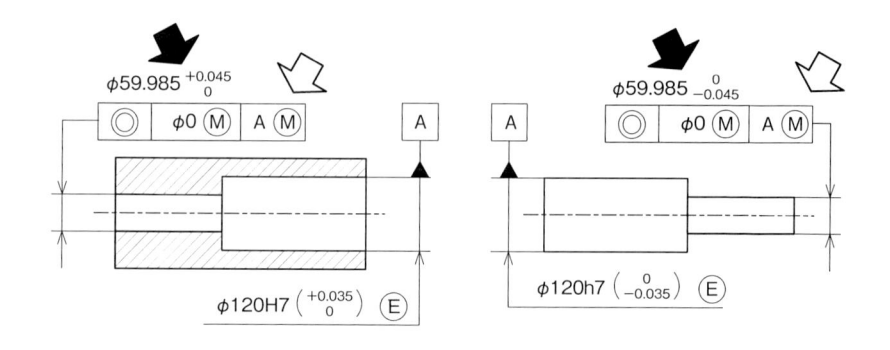

図6-29　同軸度にゼロ幾何公差とデータムにⓂを指示した図面

6) 対称度にゼロ幾何公差を指示する場合

　対称度の事例では、データムがサイズ形体であるため、ゼロ幾何公差に加えて、前項で学習したデータムにⓂを追加して図面を作成してみましょう。

　ゼロ幾何公差を適用するために、黒矢印で示した基準寸法と寸法公差を変更し、データムに最大実体公差方式を適用するために、白矢印で示した部分にⓂを追記します。検査用の機能ゲージは、図6-17、図6-19と全く同じになります。

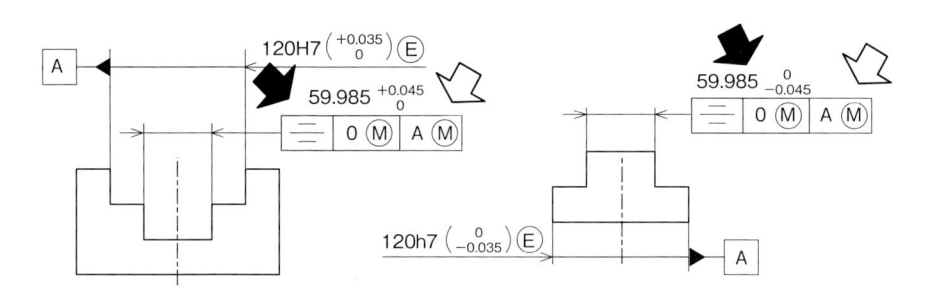

図6-30　対称度にゼロ幾何公差とデータムにⓂを指示した図面

> なるほどね！
> ゼロ幾何公差方式を
> 適用するときは、
> 穴側と軸側の基準寸法を
> 一致させるとええんか〜

7) 位置度にゼロ幾何公差を指示する場合

　ゼロ幾何公差を適用するために、黒矢印で示した基準寸法と寸法公差を変更します。検査用の機能ゲージは、図5-32、図5-34と全く同じになります。

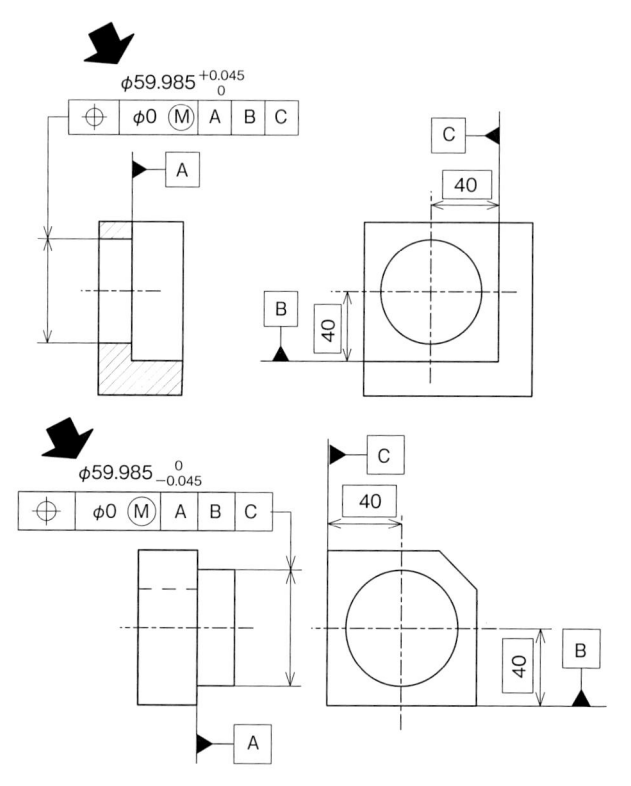

図6-31　位置度にゼロ幾何公差を指示した図面

　第4章で示した複数個の位置度公差の場合も同様に、ゼロ幾何公差を指示することができます。

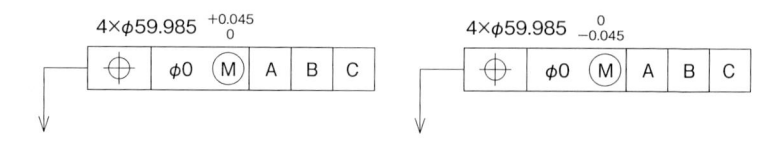

図6-32　複数の位置度にゼロ幾何公差を指示した図面

第6章のまとめ

第6章で学んだこと

　最大実体公差方式をデータムに適用すると、データムを拘束した条件では不良品となっていたものを、データムの浮動により良品にできる可能性が広がることを知りました。これによって、不良率が下がり、結果コストダウンにつながります。

　さらにゼロ幾何公差を指示することで、機能ゲージを変えることなく寸法公差の範囲を広げることができるテクニックも知りました。加えて、検査に使うゲージを3つから2つに減らすことができ、検査工数削減につながることもわかりました。

わかったこと

ゼロ幾何公差とは

| 幾何公差をゼロとして表記する | Ⓜと併記しなければいけない | 最大実体寸法の時だけゼロとなる | 寸法公差を広げる効果がある | 検査のゲージが2種類ですむ |

- データムにⓂをつけると、データムを拘束しなくてもよい
- データムにⓂをつけると、最大実体寸法から離れた分だけデータムを浮動できる
- ゼロ幾何公差は、最大実体状態のときだけ幾何特性をゼロに規制する
- ゼロ幾何公差は、「No Goゲージ」と「機能ゲージ」の2つで検査ができる
- ゼロ幾何公差に変更する場合、基準寸法と寸法公差を変更しなければいけない

次にやること

　以上で、最大実体公差方式のテクニック全てを紹介し学習してきました。最大実体公差方式以外にも様々なテクニックがありますので、次章で確認しましょう。

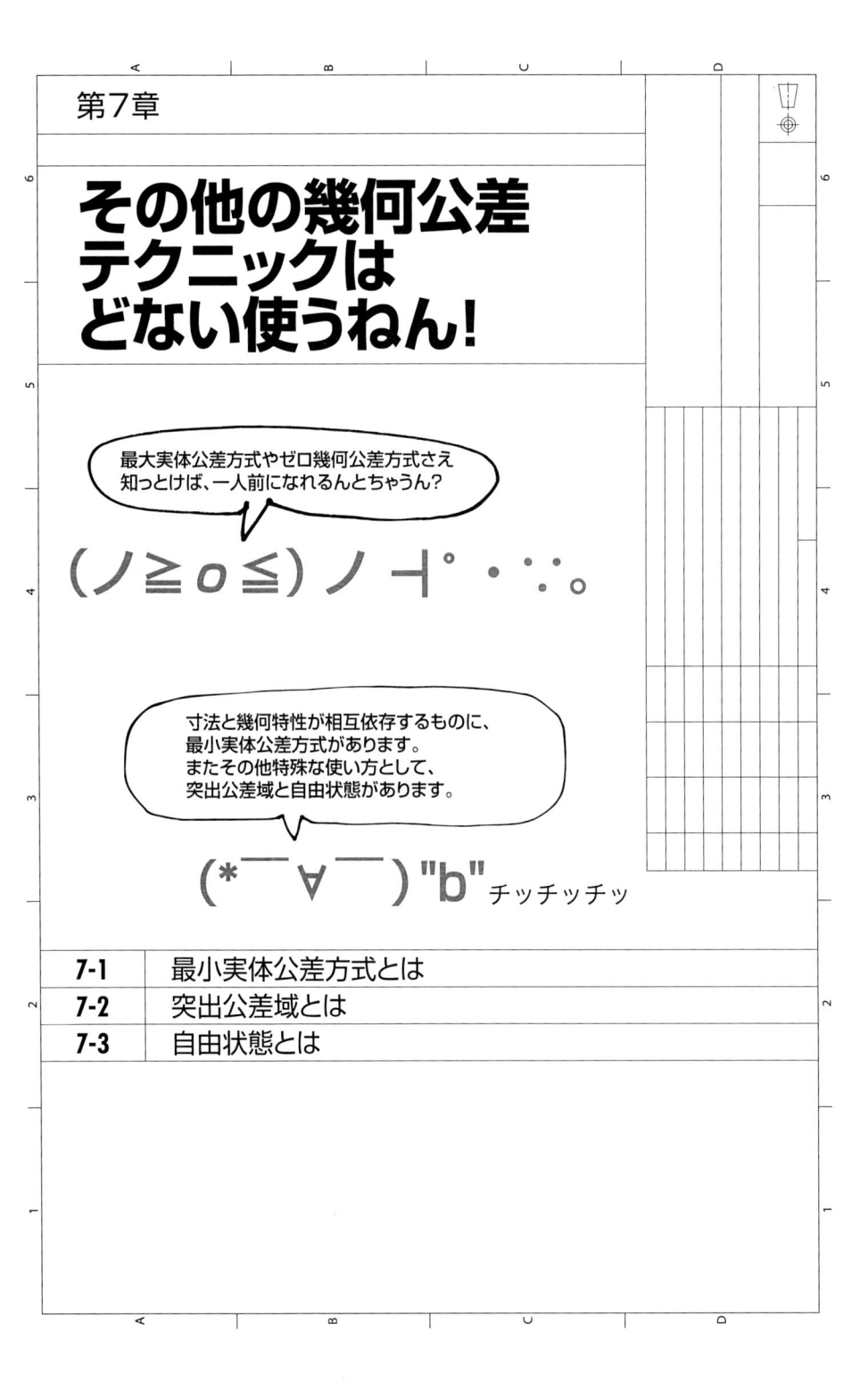

第7章

その他の幾何公差テクニックはどない使うねん！

> 最大実体公差方式やゼロ幾何公差方式さえ知っとけば、一人前になれるんとちゃうん？

(ノ≧o≦)ノ ┪ °・∴。

> 寸法と幾何特性が相互依存するものに、最小実体公差方式があります。またその他特殊な使い方として、突出公差域と自由状態があります。

(*￣∀￣)"b" チッチッチッ

7-1	最小実体公差方式とは
7-2	突出公差域とは
7-3	自由状態とは

第7章 1 最小実体公差方式とは

最小実体公差方式（JIS B 0023）

　最小実体公差方式は、最大実体公差方式と密接に関係し、**最小厚さの管理、破断防止などに用いられる。**

> 【Q9】
> 最小厚さの管理ってどういうこと？

　最小実体公差方式は、対象とする形体がその最小実体状態（LMC）から離れる時に、指示した幾何公差を増加させることができる。

　最小実体公差方式は、公差枠の中の公差付き形体の公差の後、又はデータム文字の後に付ける記号Ⓛによって図面上に指示され、次の事項が指示される。

- 公差付き形体に適用する場合には、最小実体実効状態（LMVC）は、実際の公差付き形体の実体の中に完全に含まれなければならない。
- データムに適用する場合には、最小実体寸法における完全状態の境界は、（実際のデータム形体の表面に干渉することなく）実際のデータム形体の中で浮動してもよい。

> 【Q10】
> Ⓛって何を意味するん？

> **Q9** 最小厚さの管理や破断防止ってどういうこと?
>
> **A9** 例えば部品に穴が空いていて、穴の形体が最小実体状態（つまり、穴径が最大のとき）に穴位置がずれると部品の端面と穴との厚みが減少して破断するというリスクから強度上の問題が発生します。このような厳しいスペース条件で設計せざるを得ないときに、最小実体公差方式が使えるのです。

　最小実体公差は、最大実体公差の全く逆の考え方です。
　最大実体公差方式では、軸であれば小さめ、穴であれば大きめに仕上がったときに幾何公差分を増やすことができました。
　最小実体公差方式では、軸であれば大きめ、穴であれば小さめに仕上がったときに幾何公差分を増やしてあげようという考え方です。
　つまり、形体が最小実体状態（LMC）になったときに不具合を発生するときに使うのです。

形体が最小実体状態のときに不具合が発生する状況として、ブロックの端部に近いところに穴を開けた部品を考えてみましょう。
　穴の位置が端面側にずれたり、穴が大きくなったりすると、端面と穴の側面の厚みが薄くなり、加工や内圧によって穴が破断するリスクを抱えます。

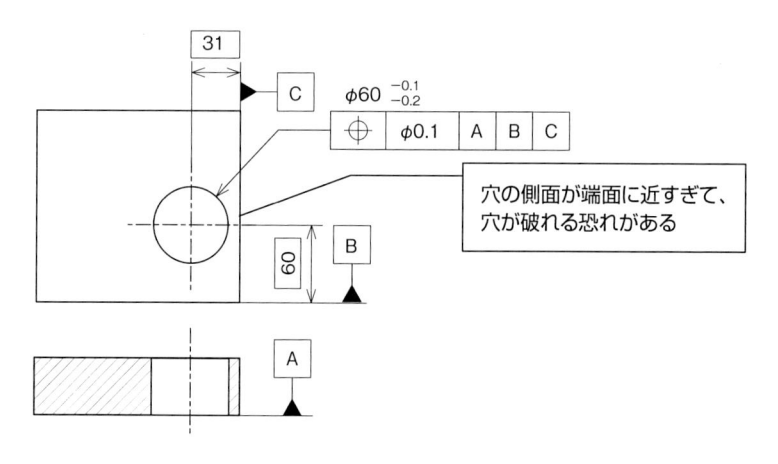

図7-1　最小実体状態のときに不具合が発生する状況

　下図に示すように設計ノミナル値（狙い値）に対して、肉厚という視点で最悪条件を考えると、穴が最小実体寸法（穴径が大きい）で位置が端面側に寄ったときに厚さが最も薄くなります。設計時は、この状態でも最低限の強度を保証できる厚みを確保しなければいけません。

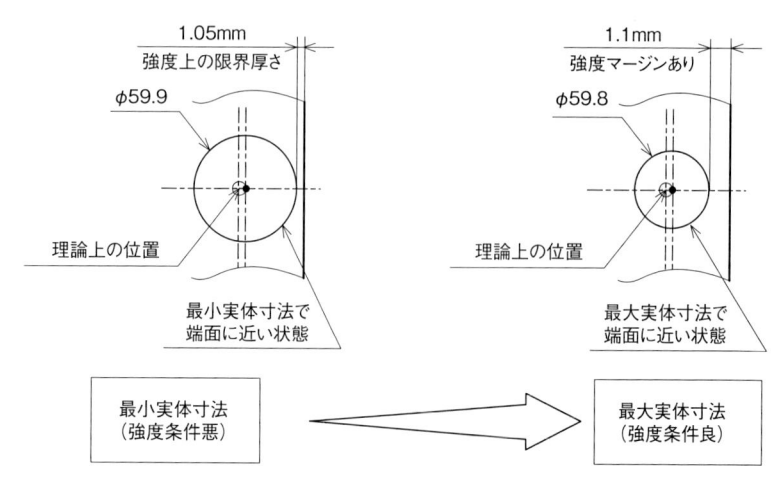

図7-2　最小実体状態の悪さと最大実体状態の良さ

その反面、穴径が小さい状態（最大実体状態）では、図面に指示した位置度が端面側にずれた場合でも、厚みは最悪条件よりも大きくなり、強度上のマージンが増えることがわかります。

最大実体公差方式は、最大実体寸法時の最悪条件を満足しつつ、最小実体寸法に近づくほどマージンが増えるので、このマージンを幾何公差にボーナス公差としてONしましょうというものでした。

今回も、全く同じことがいえます。

最小実体公差方式は、最小実体寸法時の最悪条件を満足しつつ、最大実体寸法に近づくほどマージンが増えるので、このマージンを幾何公差にボーナス公差としてONしましょうというものです。

> へ～
> 最大実体公差方式と
> 逆の考え方もできるんか～

> そやけど、ここまで
> 限界設計をするより、
> マージンのある設計構造を
> 変更できないかを
> 考えた方がええで！

> **Q10** Ⓛって何を意味するん?
>
> **A10** 通常、図面は特に指定しない限り、独立の原理が適用されます。一部の寸法に最小実体公差方式を適用する場合に、幾何公差値に続けて、場合によっては公差記入枠内のデータム記号に続けてⓁを記入します。
>
> このLは、LMR(Least Material Requirement)の頭文字で、最小実体公差方式という意味です。

幾何公差の公差記入枠への表示例を下記に示します。

・公差付き形体への最小実体公差の適用

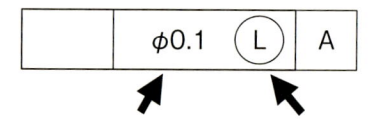

| | φ0.1 | Ⓛ | A |

最小実体寸法のときに許容する公差値　　最小実体寸法以外のときに差分を幾何公差に付加することができるという表示

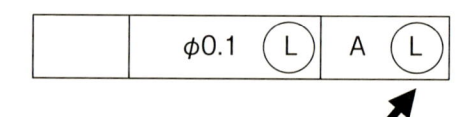

| | φ0.1 | Ⓛ | A | Ⓛ |

データム形体が最小実体寸法から離れた差分だけ浮動することができるという表示

図7-3　公差付き形体への最小実体公差の指示方法

よって、前項で示した図面に最小実体公差を適用すると、下図のようになります。
データム形体にも⓵を指示することができますが、本事例のデータム形体は、全て表面を示しておりサイズ形体ではないため、⓵を指示することはできません。

寸法	φ59.90 (LMC)	φ59.88	φ59.86	φ59.84	φ59.82	φ59.80 (MMC)
ボーナス公差	0	φ0.02	φ0.04	φ0.06	φ0.08	φ0.10
幾何公差	φ0.1	φ0.12	φ0.14	φ0.16	φ0.18	φ0.20

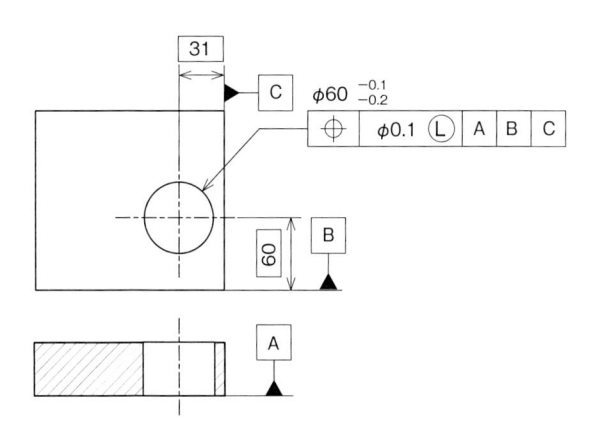

図7-4　最小実体公差方式を適用した図面

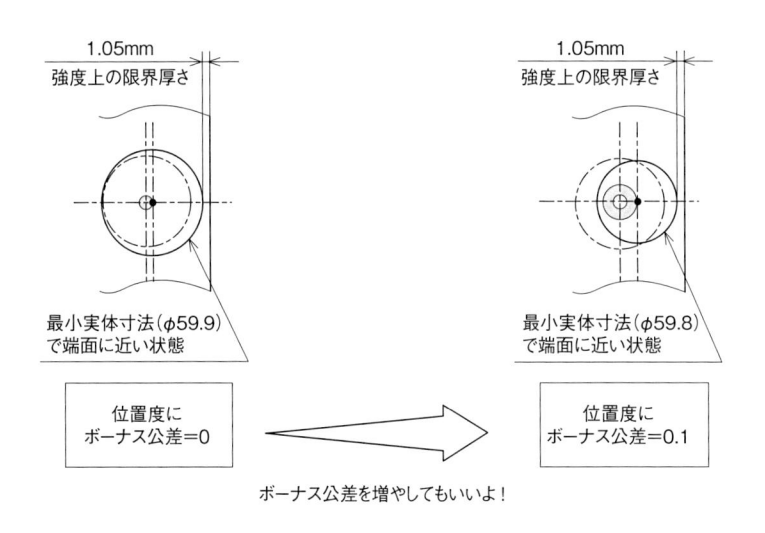

図7-5　最小実体公差方式のボーナス公差

最大実体公差方式と最小実体公差方式の違いを動的公差線図で比較してみましょう。

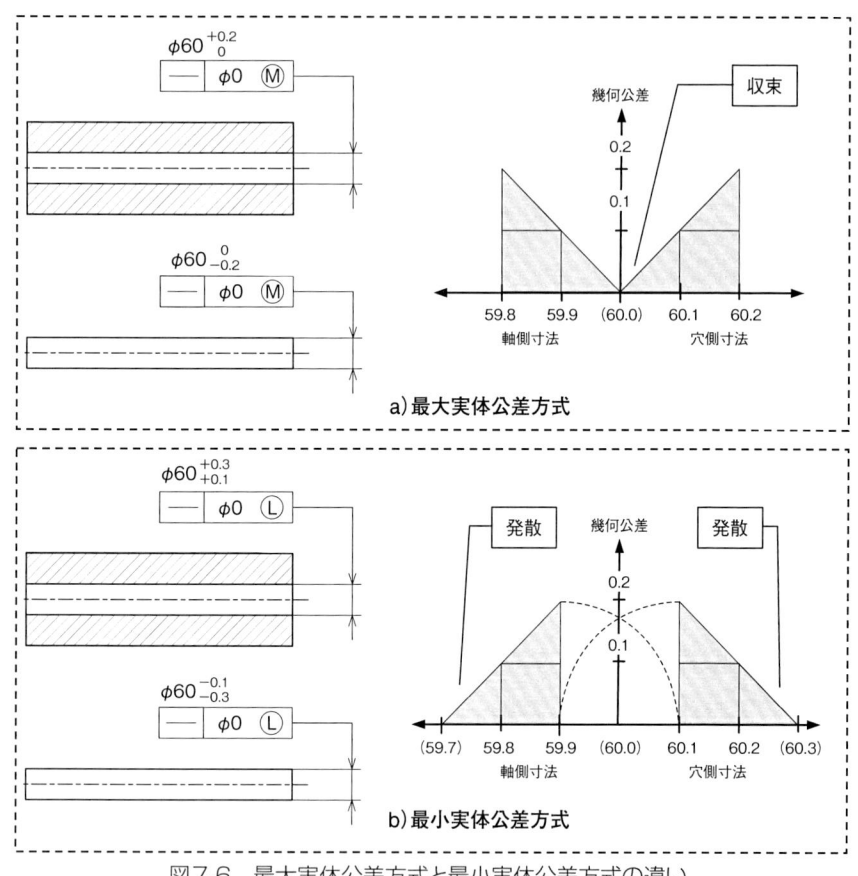

図7-6　最大実体公差方式と最小実体公差方式の違い

　最大実体公差方式が組み合わせる部品の寸法ばらつきが収束する方向にコントロールされるのに対し、最小実体公差方式は組み合わせる2部品の寸法ばらつきが発散する方向に向かっていることがわかります。

　上図のb)　最小実体公差方式の動的公差線図を見ると、中央の破線で示した2つの円弧がラップしています。これは、最大実体寸法に近くなるほど互いに干渉して組めないということを意味しています。組立を保証するには、どちらの部品も寸法をあと0.1mmずつ広げなければいけません。

　最小実体公差方式では、検査するための機能ゲージを設計することができません。そのため、幾何公差はゲージを使わず検査しなければいけないためコストメリットが少なくなります。

干渉する可能性を肯定したうえで、真直度に最小実体公差方式を適用したイメージ図を下記に示します。
　互いの部品が最大実体公差に近づくほど干渉によって組立不可能となり、最小実体寸法に近づくほど隙間が無用に増えることになり、設計意図として何を要求したいのかがわからない図面となります。

φ60.3
穴径が最小実体寸法のとき

0.2　φ60.1
穴径が最大実体寸法のとき

φ59.7
軸径が最小実体寸法のとき

0.2　φ59.9
軸径が最大実体寸法のとき

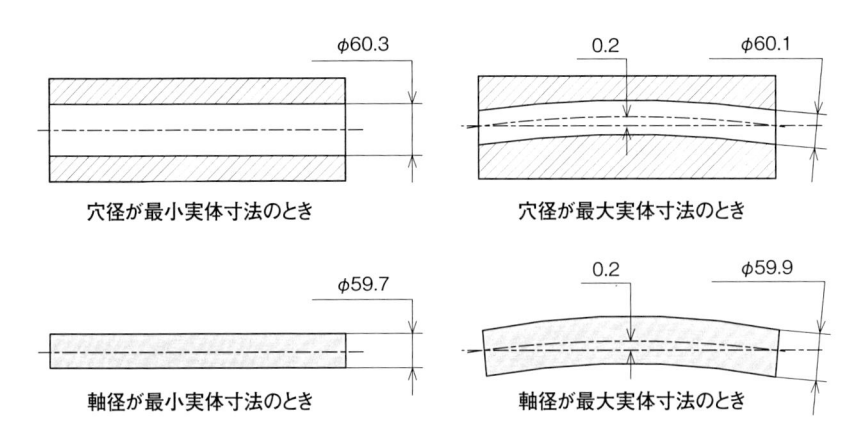

図7-7　最小実体公差方式の不思議

あれ〜？
2つの部品は
組合わせることが
でけへんのとちゃう？

そやねん…
最小実体公差方式は
組合せ部品に
使うもんとちゃうな…

　私見ですが、隙間を管理しなければ強度を保証できない限界設計をすべきではなく、構造を再検討して解決すべき問題であると考えます。
　例え最小実体公差方式を図面に指示をしたところで、機能ゲージも使えず検査工数の煩雑さによるコストアップにもつながりコストメリットは少ないと考えます。

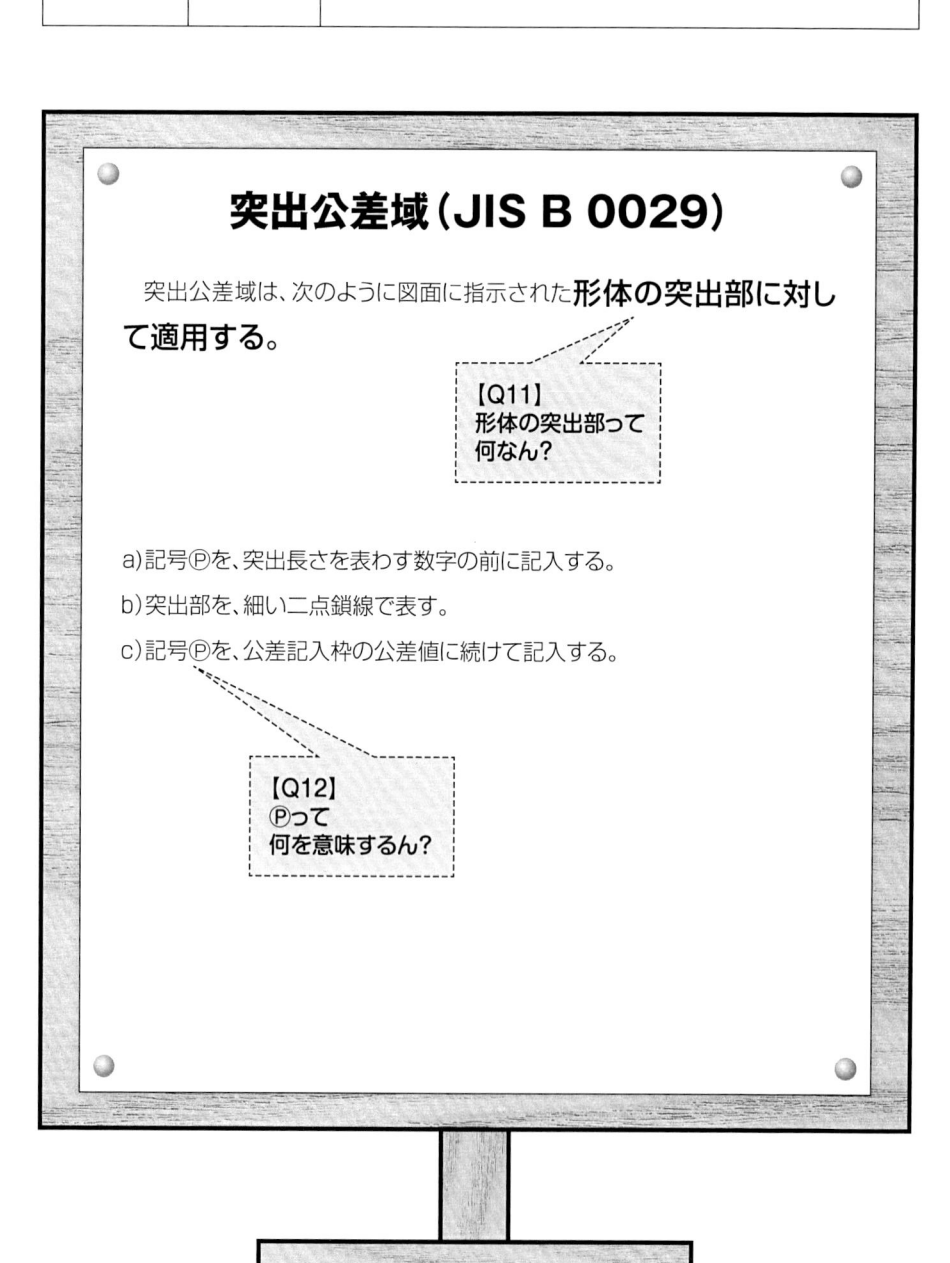

第7章 2 突出公差域とは

突出公差域(JIS B 0029)

突出公差域は、次のように図面に指示された**形体の突出部に対して適用する。**

【Q11】
形体の突出部って何なん?

a) 記号Ⓟを、突出長さを表わす数字の前に記入する。
b) 突出部を、細い二点鎖線で表す。
c) 記号Ⓟを、公差記入枠の公差値に続けて記入する。

【Q12】
Ⓟって
何を意味するん?

Q11 形体の突出部って何なん？

A11 一般的に幾何公差が適用される領域は、図面に指示された形体の範囲内に限られます。しかし、突出公差域で指示された場合は、指示された形体に隣接して取り付けられる相手部品の仮想の領域を指示できるのです。

　例えば、厚板プレートにねじを加工し、位置度公差を指示したとします。
　ねじの位置は、理論寸法で示された位置を中心に直径0.1mmの範囲にあれば良品となります。
　このとき、形体の中心線はデータムAに対してジャスト90°で製作できるわけではなく、位置度公差の領域である φ0.1の円柱の中で、下図のように傾いても良品となります。

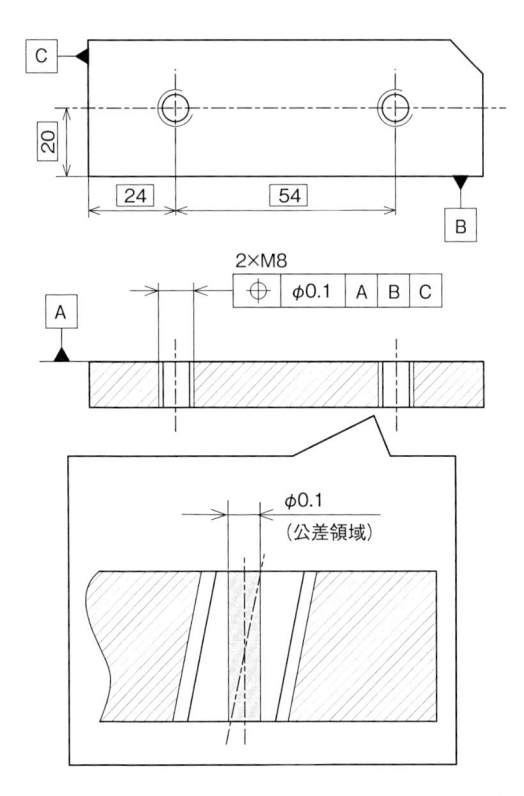

図7-8　めねじに位置度公差を指示した図面とその意味

前ページの事例では、位置度公差を指示した部品だけで、組立を保証しているように見えますが、下図のように公差領域の中でボルトが傾くと相手部品の穴の内径と干渉して組み立てられない状況が考えられます。

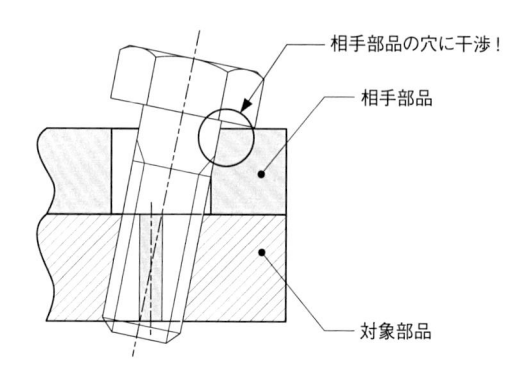

図7-9　ボルトの干渉によって組立できない状況

対策案として、下記のようなものがありますが、いずれも弊害が考えられます。
・相手部品の穴径を大きくなるよう形状変更する。
　　【弊害】ボルト頭部座面の片辺りなど。
・対象部品の位置度公差をさらに厳しい値にする。
　　【弊害】対象部品のコストアップ。
・対象部品の位置度公差はそのままに、直角度公差を追加して厳しい値を与える。
　　【弊害】対象部品のコストアップ。

これらの弊害をなくすテクニックとして、突出公差域が使えるのです。

Q12 ⓟって何を意味するん?

A12
通常の幾何公差は、幾何公差を指示した部品の形体の範囲内のみに適用されます。組み合わせる相手部品の範囲に対して適用する場合、幾何公差の数値に続けてⓟを記入します。さらに突出部を表わす領域を細い二点鎖線で投影図に併記しなければいけません。
このPは、Projected tolerance zoneの頭文字で、突出公差域を適用するという意味です。

幾何公差の公差記入枠への表示例を下記に示します。
・公差付き形体への最大実体公差の適用

| ⊕ | φ0.1 | Ⓟ | A | B | C |

位置度公差の値　　突出公差域を適用する表示

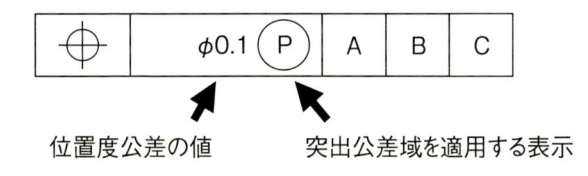

図7-10　突出公差域を適用する場合の指示方法(1)

突出公差域は、幾何公差数値の後にⓟをつけるだけではなく、下記のように側面から見た投影図に突出長さも併記しなければいけません。
突出公差域の突出長さは、機能上必要な長さを意味し、ⓟに続けて表記します。

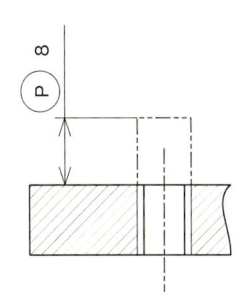

Ⓟ 8

図7-11　突出長さの指示方法(2)

第7章　その他の幾何公差テクニックはどない使うねん!

> φ(@°▽°@) メモメモ

突出公差域の表記方法の違い

　突出公差域は、JIS（ISO）とASMEで表示が異なります。ASMEに従った図面を参考にして突出公差域を指示する設計者もいると思います。
　ASMEでは、公差記入枠の中に突出長さを書くことが特徴です（黒矢印部）。
　表記が異なりますが、同じ意味として解釈することができます。

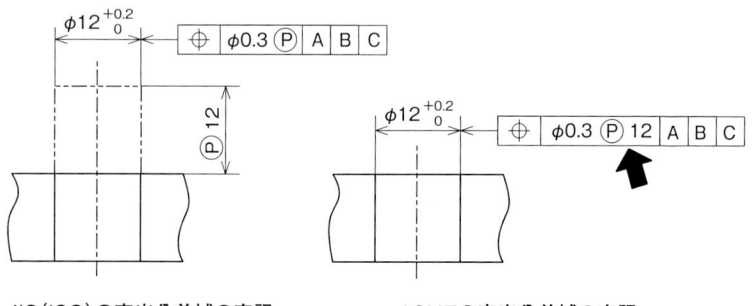

JIS（ISO）の突出公差域の表記　　　　ASMEの突出公差域の表記

突出長さは下記のように、状況にあわせて突出長さを指定しなければいけません。
・相手部品を重ねた後に、ボルトを利用して締結する場合、突出長さは相手部品の最大厚さとします。
・スタッドボルトやダウエルピンのように、対象部品に埋め込んだ状態で最後に相手部品を挿入する場合は、突出長さは軸部が突出している長さとします。

突出公差域を表した図面を確認してみましょう。

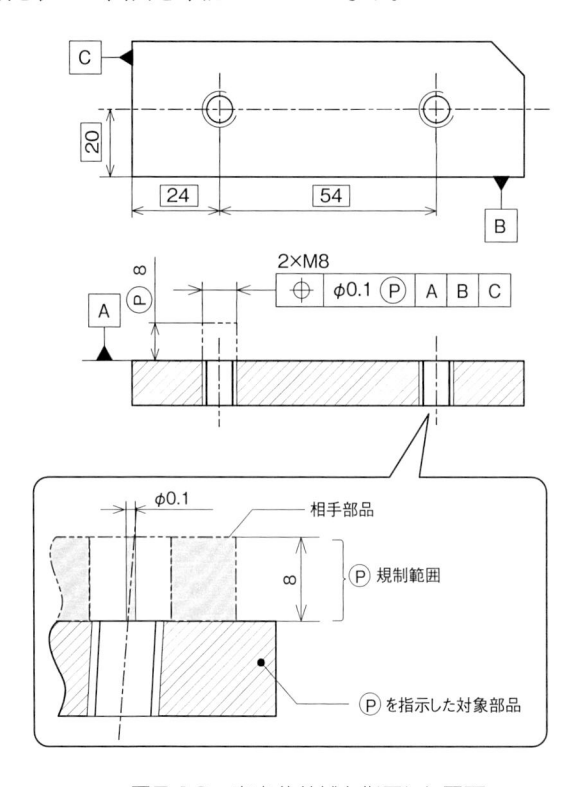

図7-12　突出公差域を指示した図面

　上記の対象部品は、メートルめねじが加工された図面であるため、相手部品を重ねたうえでボルトによって締結することが想像できます。
　さらに断面図の左上に「Ⓟ　8」と指示されているため、相手部品は8mm厚さの部品であることも想像できます。

第7章　その他の幾何公差テクニックはどない使うねん！　143

φ(@°▽°@) メモメモ

突出公差域を指示した相手部品はどう設計する!?

　前ページで、めねじのある部品に突出公差域を適用した図面を描きましたが、相手部品は、どのように設計すればよいでしょうか？

　突出公差域で、組立可能な領域をお膳立てしてくれているのですから、そのまま素直に相手部品を設計すればよいのです。

　ボルトサイズがM8なので、ボルトの最大実体寸法を φ8.0 として、めねじの位置度公差が φ0.1 であるため、ボルトが存在できる実効寸法は φ8.1 です。

　これに加えて、相手部品である穴の位置度も φ0.1 狂うと設定すると、穴の直径を φ8.2 以上とすれば、穴の最大実体寸法時の実効寸法も φ8.1 となります。

　したがって、最悪条件の場合でも、ゼロゼロの関係となり、何とか組めるでしょうと判断できます。

　もちろん、ここまでギリギリの設計をする必要はなく、少し大きめの数値を選択することも可能です。

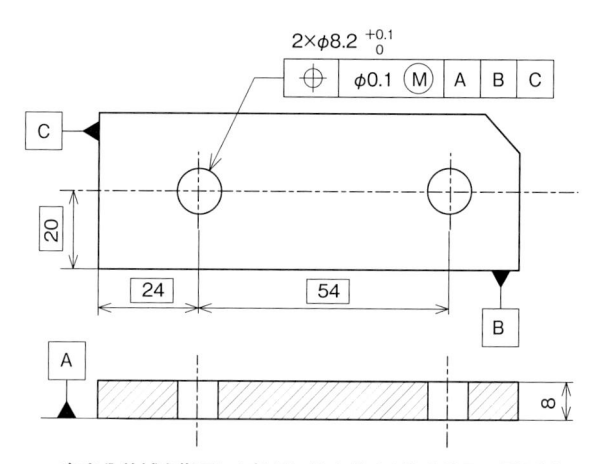

突出公差域を指示した部品に組み付ける相手部品の図面例

次に拙著「図面って、どない描くねん！ Plus+」で使用した汽車のおもちゃの例で考えてみましょう。書籍の中では使用しませんでしたが、本来は突出公差域を指示すべき構造なのです。

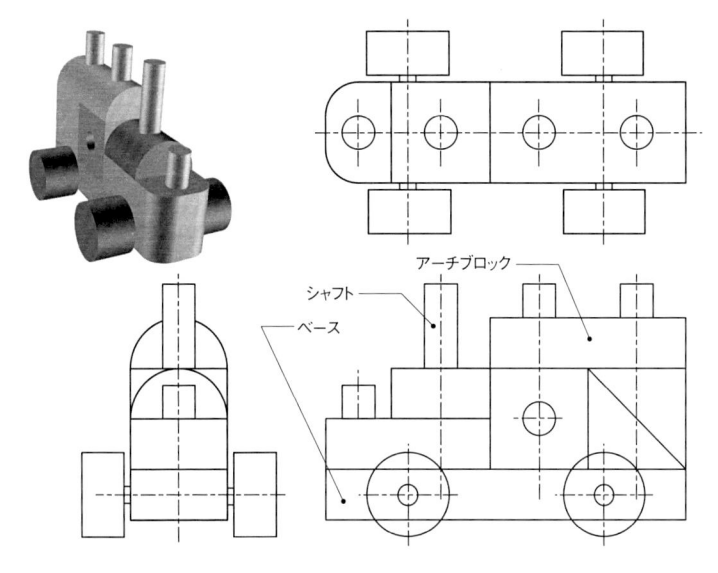

図7-13　汽車のおもちゃの組立図

　この汽車のおもちゃの特徴は、ベースに4本のシャフトを圧入していることです。したがって、シャフトを圧入するベース部品の位置度公差を厳しくしても、その幾何特性の許容範囲で傾きが発生すると、それぞれのシャフト先端の位置がずれ、下図のように2穴を同時に挿入しなければならないアーチブロックは組み立てることができません。

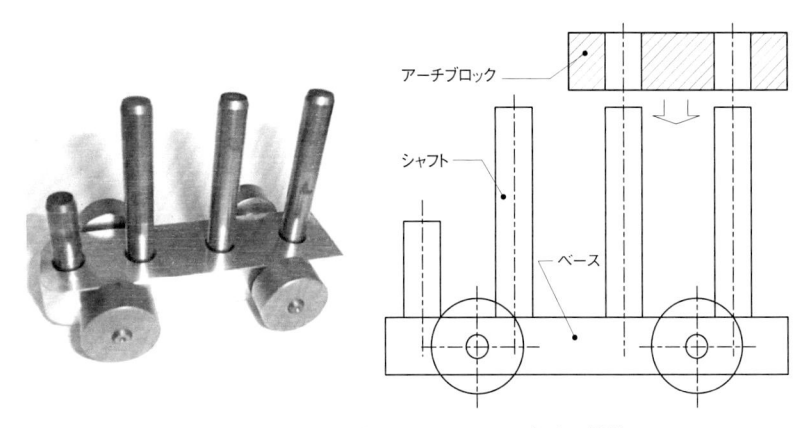

図7-14　汽車のおもちゃの要求する機能

第7章　その他の幾何公差テクニックはどない使うねん！

2穴同時にシャフトにはめあうアーチブロックの組立を保証するためには、ベースに圧入するシャフトの突出長さを規制しなければ、厳密に組立を保証できないのです。

この穴は、シャフトを圧入するという機能を持つため、最大実体公差方式は適用することができませんので、注意してください。

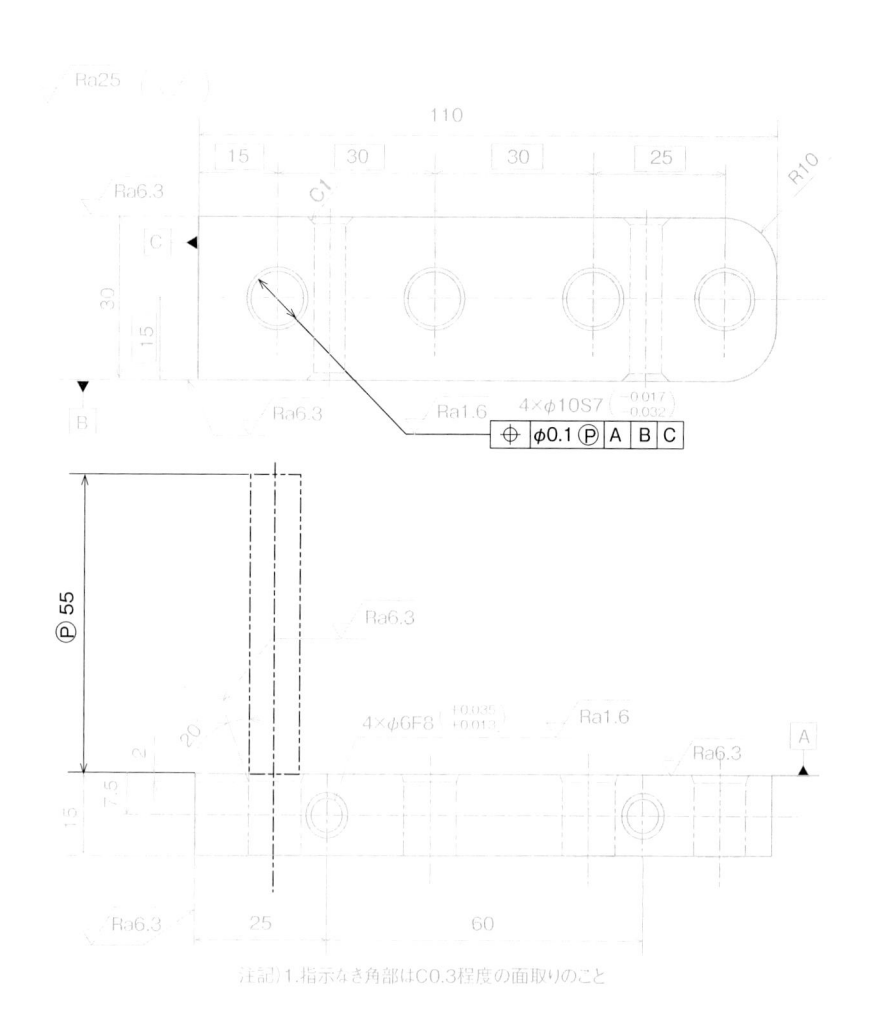

図7-15 突出公差域を指示した図面例

第7章	3	自由状態とは

非剛性部品（JIS B 0026）

　非剛性部品の変形は、部品が組立時または組立状態のもとで、予期される値を超えないような圧力や力を加えることによって組み立てた時に、検証及び位置決めに際して、部品を指示された公差内に保つことが可能なような値を超えてはならない。

【Q13】
非剛性部品って、どんな部品？

　重力のような自然の力の影響を避けることは不可能であるが、変形の大きさ(extent)は、部品の姿勢及び自由状態での部品の状態に依存する。自由状態で幾何公差を指示する必要があるならば公差を満たしている状態（すなわち、重力の方向、指示される状態など）は、注記で指示する。

　JIS B 0026-ISO 10579-NRの記述を追加することによって図面に指示した非剛性部品に対して、拘束した状態は寸法及び公差が記号Ⓕを付記した場合以外に適用される。

【Q14】
Ⓕって何を意味するん？

第7章　その他の幾何公差テクニックはどない使うねん！

Q13 非剛性部品って、どんな部品?

A13 部品を製造中の状態から取り外したとき、自重や可とう性、または製造工程に起因する内部応力の解放によって、図面に指示された許容限界を超えて変形するかもしれません。このような部品を非剛性部品といいます。

※可とう性とは、柔軟性のある性質、微弾性という意味

　非剛性部品は、薄い金属部品のような本質的に剛性材のもの、およびプラスチックなどのような本質的に可とう性のものの両方を含み、次のようなものがあります。
・ゴム部品（Oリングなど）
・プラスチック部品（樹脂シートなど）
・金属部品（薄板板金など）

> ふーん
> 剛性感のない部品に
> 使うことができるんやなぁ～

Q14 Ⓕって何を意味するん?

A14
通常の幾何公差は、剛性のある部品に適用されます。自由状態で図面上の寸法公差、幾何公差を超えて変形する部品に対して、幾何公差の数値に続けⒻを記入します。
このFは、**Free state**の頭文字で、自由状態を適用するという意味で、重力だけを受けた状態を示します。

幾何公差の公差記入枠への表示例を下記に示します。
・自由状態の適用
　非剛性部品の図面には、次のうち適切なものを指示します。
　a)　表題欄の中、又はその付近に「JIS B 0026-ISO 10579-NR」を指示した場合、拘束した状態は、寸法および公差が記号Ⓕを付記した場合以外に適用される。

適用規格：JIS B 0026-ISO 10579-NR

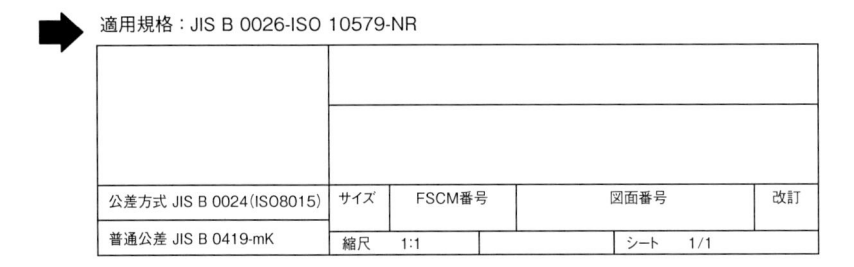

公差方式 JIS B 0024(ISO8015)	サイズ	FSCM番号		図面番号	改訂
普通公差 JIS B 0419-mK	縮尺	1:1		シート 1/1	

図7-16　Ⓕのない幾何公差に拘束状態を指示するときの表示方法

　b)　公差記入枠内に記号Ⓕを付記して、自由状態で許容される幾何公差を指示する。

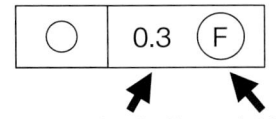

| ○ | 0.3 | Ⓕ |

　　　自由状態での真円度公差の値　　自由状態を適用する表示
図7-17　自由状態を適用する場合の指示方法

　c)　注記で、図面要求に合致させるために部品が拘束される状態を指示する。
　d)　重力の方向、部品の姿勢などのように、自由状態で幾何公差を満たす状態を指示する。

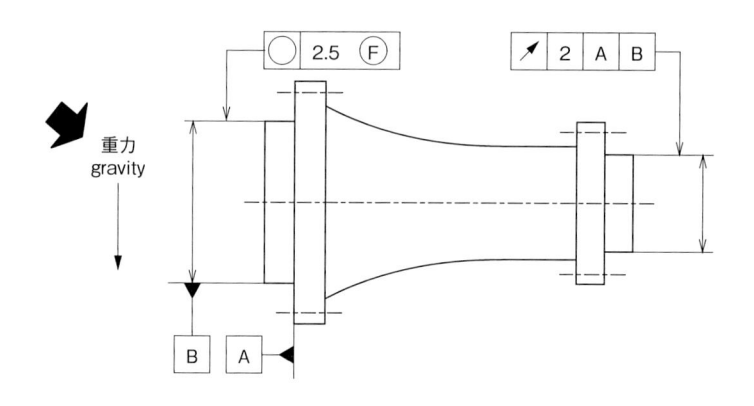

適用規格：JIS B 0026-ISO 10579-NR
注記　拘束状態:データムBとして指定した形体は、対応する側の最大実体許容限界（MML）ではめ込まれ、データムAとして指定した表面は(9Nm〜15Nmのトルクで締めつけたM6の64本のボルトで)組みつけて拘束する。

図7-18　自由状態を表した図面例

　上図において、記号Ⓕが付いた幾何公差は自由状態で真円度2.5mmを保証しなければいけません。
　その他のⒻがない幾何公差については、注記に示した条件で組みつけ、拘束した状態で検査します。
　上記の部品は円筒形状であるため、全方位同じ条件となります。したがって、JISなどに記載されている図面は重力方向を省略していますが、忘れてはいけないという意味を込めて、上図では、あえて重力方向を記載しています（黒矢印部）。

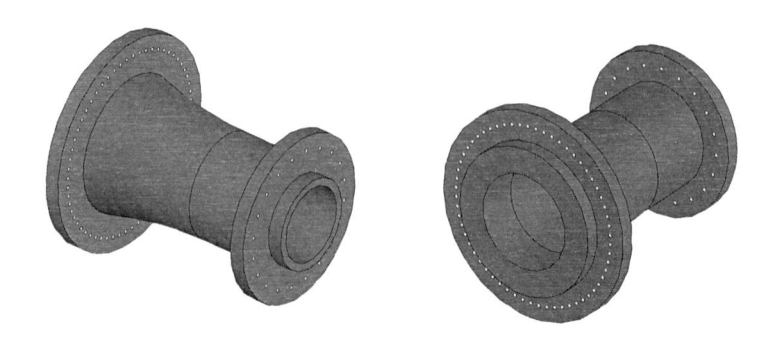

第7章のまとめ

第7章で学んだこと

　最大実体公差方式と全く逆の考え方をする最小実体方式を知りました。しかし機能ゲージが使えないことでコストアップになり、使うメリットも少ないことがわかりました。

　突出公差域は、組み合わせる相手部品のことまで考慮して機能を図面に表現できる貴重なテクニックであることがわかりました。

　自由状態は、非剛性部品に使用すればよいこともわかりました。

わかったこと

　その他、寸法と相互依存する幾何公差

[最小厚さ管理に最小実体公差方式] → [相手領域を規制する突出公差域] → [突出長さは機能にあわせて設定] → [非剛性部品に使える自由状態] → [Ⓕは重力方向を忘れずに…]

- 　最小実体公差方式は、最大実体公差方式と全く逆の考え方をすればよい
- 　最小実体公差方式は、機能ゲージを使えないため、コストメリットが少ない
- 　最小実体公差方式を適用する場合は、Ⓛを記入する
- 　突出公差域は、相手部品の組立領域を規制できる
- 　突出公差域において、ボルト締結の場合は、相手部品の最大厚みを突出長さとする
- 　突出公差域において、圧入固定される軸などの場合は、その突出量を突出長さとする
- 　突出公差域を適用する場合は、Ⓟを記入する
- 　側面から見た投影図に細い二点鎖線と突出長さの数値の後にⓅを記入する
- 　自由状態は、非剛性部品に用いる
- 　自由状態を適用する場合は、Ⓕを記入する

次にやること

　最大実体公差やその他の寸法と相互依存する幾何公差について解説してきました。

　本書では、理解をしやすいようにシンプルな形状を使って解説してきましたが、実務では、比べ物にならないほど複雑な形状を設計します。しかし論理性をもって理解していれば、きっと応用できるはずです。

設計意図を伝えるという気持ち

　本書は、国際的に取り決められた製図テクニックを学習する書籍「図面って、どない描くねん！」シリーズの最高レベルとなります。
　いくつかのレベルに分けながら、図面は加工するために寸法線を記入するものではなく、設計意図を加工者など図面を見て業務を行うエンジニアに伝えるための重要な管理文書であることを訴えてきました。
　今後、日本人エンジニアとして生き残る術は、海外で通用する知識と行動力です。

　機械製図は、機械設計の基礎の部分です。基礎体力をしっかりと身につけ、機械要素の設計テクニック、工学の計算知識という順で自己研鑽していただきたいと思います。
　最終的には、創造力（ユーモアとオリジナリティ）豊かなエンジニアを目指してください。

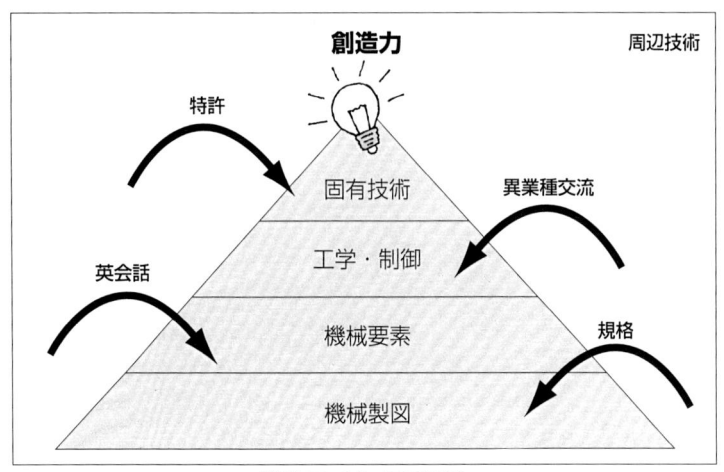

機械エンジニアの要件

　決して視野の狭いエンジニアとならず、常に自分自身の語学力と技術力を高めていけるモチベーションを維持できるように心がけてください。
　それでは、読者の皆さんがすばらしいエンジニアになるように魔法をかけてご挨拶に代えさせていただきます。

ファイア〜！ (*°▽°)ノ　)))) 炎)))))))))))) :*:.・☆・:*:.・★

著者より

参考文献
1）JISハンドブック　製図　2010　（日本規格協会）

● 著者紹介

山田　学（やまだ　まなぶ）

S38年生まれ、兵庫県出身。ラブノーツ代表取締役。

カヤバ工業（現、KYB）自動車技術研究所にて電動パワーステアリングとその応用製品（電動後輪操舵E-HICASなど）の研究開発に従事。

グローリー工業（現、グローリー）設計部にて銀行向け紙幣処理機の設計や、設計の立場で海外展開製品における品質保証活動に従事。

平成18年4月 技術者教育を専門とする六自由度技術士事務所として独立。
平成19年1月 技術者教育を支援するため ラブノーツを設立。（http://www.labnotes.jp）

著書として、『図面って、どない描くねん！』、『設計の英語って、どない使うねん！』、『めっちゃ使える！機械便利帳』、『図面って、どない描くねん！LEVEL2』、『図解力・製図力おちゃのこさいさい』、『めっちゃ、メカメカ！リンク機構99→∞』、『メカ基礎バイブル〈読んで調べる！〉設計製図リストブック』、『図面って、どない描くねん！Plus＋』、『図面って、どない読むねん！LEVEL00』、『めっちゃ、メカメカ！2 ばねの設計と計算の作法』、共著として『CADって、どない使うねん！』（山田学・一色桂 著）、『設計検討って、どないすんねん！』（山田学 編著）『技術士第一次試験「機械部門」専門科目 過去問題 解答と解説（第3版）』、『技術論文作成のための機械分野キーワード100解説集』（Net-P.E.Jp編著）などがある。

最大実体公差
図面って、どない描くねん！　LEVEL3

NDC 531.9

2011年9月20日　初版1刷発行	Ⓒ著　者	山田　学
2025年3月24日　初版9刷発行	発行者	井水　治博
	発行所	日刊工業新聞社
		東京都中央区日本橋小網町14番1号
		（郵便番号103-8548）
	書籍編集部	電話03-5644-7490
	販売・管理部	電話03-5644-7403
		FAX03-5644-7400
	URL	https://pub.nikkan.co.jp/
	e-mail	info_shuppan@nikkan.tech
	振替口座	00190-2-186076
	本文デザイン・DTP	志岐デザイン事務所（矢野貴文）
	本文イラスト	小島早恵
	印刷	新日本印刷（POD3）

定価はカバーに表示してあります
落丁・乱丁本はお取り替えいたします。
2011 Printed in Japan
ISBN 978-4-526-06743-3　C3053

本書の無断複写は、著作権法上の例外を除き、禁じられています。

日刊工業新聞社の好評図書

図面って、どない描くねん!
―現場設計者が教えるはじめての機械製図

山田 学 著
A5判224頁　定価(本体2200円+税)

「技術者がそのアイディアを伝える唯一の方法が製図である」と信じる著者が書いた、読んで楽しい製図の入門書。著者自身が就職してはじめて図面を描いたときの戸惑いと技能検定(機械・プラント製図)を受験してはじめて知った、"製図の作法"を読者のためにわかりやすく解説した「誰もが読んで手を打ちたくなる」本。大阪弁のタイトル、めいっぱいに詰め込まれた図面やイラスト、そのすべてに製図に対する著者のストレートな愛情が詰まっています。内容はもちろん最新のJIS製図。それに現場設計者のノウハウとコツがポイントとして随所にちりばめられています。発行以来大好評で重版を重ねている、はっきり言ってお薦めの一冊です。

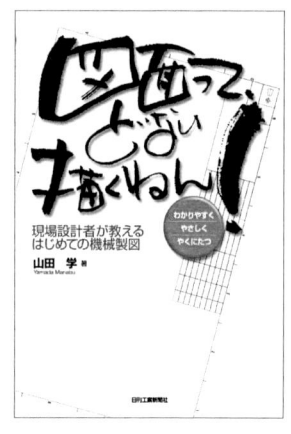

<目次>
第1章　図面ってどない描くねん!
第2章　寸法線ってどんな種類があるねん!
第3章　寸法公差ってなんやねん!
第4章　寸法ってどこから入れたらええねん!
第5章　幾何公差ってなんやねん!
第6章　この記号はどない使うねん!
第7章　こんな図面の描き方がわからへん!
第8章　図面管理ってなんやねん!

図面って、どない描くねん! LEVEL2
―現場設計者が教えるはじめての幾何公差

山田 学 著
A5判240頁　定価(本体2200円+税)

昨今では、寸法公差だけの図面では、形状があいまいに定義されるため、幾何公差を用いたあいまいさのない図面定義が必要とされています。これについては、GPS規格としてISOでも審議されてきているのです。

本書は「幾何公差を理解することは製図を極めることである」と信じる著者による大ヒット製図入門書、第2弾。実務設計の中で戦略的に幾何公差を活用できるように、描き方から考え方、代表的な計測方法までをわかりやすく、やさしく解説しました。幾何公差をこれだけわかりやすく解説した本は他に類がありません!

<目次>
第1章　バラツキって、なんやねん!
第2章　データムって、なんやねん!
第3章　幾何特性って、なんやねん!
第4章　形状公差って、どない使うねん!
第5章　姿勢公差って、どない使うねん!
第6章　位置公差って、どない使うねん!
第7章　振れ公差って、どない使うねん!
第8章　幾何公差の相互依存って、なんやねん!
第9章　幾何公差を使ってみたいねん!

日刊工業新聞社の好評図書

図面って、どない描くねん！Plus＋
―現場情報を図面に盛り込むテクニック

山田 学 著
A5判224頁　定価（本体2200円＋税）

　正しい製図をするためには、JIS製図の作法に則って正確に図面を描くことが必要です。ただし、本当に現場で役に立つ図面を描くためには、ルールブックには指示されていない加工や計測に配慮した現場独自の情報を図面に盛り込み、ベテラン設計者のような図面を描かなければいけません。

　そこで、本書は「図面って、どない描くねん！」シリーズのいずれの読者にも役に立つ、「ルールブックにはない現場の情報」を図面に盛り込むためのテクニックを紹介。従来描いていた図面に、「何をプラスすればベテランのような図面を描くことができるか」をやさしく、わかりやすく解説しています。本書を読んで図面を描けば、現場の作業者を唸らせることができます！

<目次>
第1章　設計形状と設計意図を表す寸法記入の関係
第2章　製図の手順を知り、設計の都合を図面に盛り込む
第3章　加工から図面に何を反映させるべきかを知る
第4章　図面と計測の関係から基準面の重要性を知る
第5章　加工と計測の都合を図面に盛り込む(1)
第6章　加工と計測の都合を図面に盛り込む(2)
第7章　まとめ

めっちゃ使える！機械便利帳
―すぐに調べる設計者の宝物

山田 学 編著
新書判176頁　定価（本体1400円＋税）

　著者自身が工場の現場や、CADの前でちょっとした基本的なことを調べたいときにあると便利だと思い、自作していたポケットサイズの手帳を商品化したもの。工場の現場でクレーム対応している最中や、デザインレビュー等の会議の場ですぐに利用できる手軽なデータ集です。

　記入できるメモ部分もありますので、どんどん使い込んで自分だけの便利帳にしてください。装丁は、デニム調のビニール上製特別仕立て。まさに設計現場で戦うエンジニアの宝物です。

<目次>
第1章　設計の基礎
第2章　数学の基礎
第3章　電気の基礎
第4章　力学の基礎
第5章　機械製図の基礎
第6章　材料の基礎
第7章　機械要素の基礎
第8章　海外対応の基礎
〈付録〉　メモ帳(方眼紙)

日刊工業新聞社の好評図書

図解力・製図力 おちゃのこさいさい
―図面って、どない描くねん！LEVEL0

山田 学 著
B5判228頁（2色刷）　定価（本体2400円＋税）

　ついに登場した究極の製図入門書。ヒット作「図面って、どない描くねん！」のLEVEL0にあたるレベルでありながら、「図解力と製図力を身につけることを目的とした」ドリル形式の入門書です。「図解力が乏しいということは設計力が弱いことを意味する」と主張する著者が世界一やさしい製図本を目指して書いています。学習しやすい横レイアウト、全編2色刷の見やすい内容、豊富な演習問題(Work Shop)、従来の製図書にはなかった設計の基本的な計算問題にも対応、そして何より楽しく学習するための工夫がいっぱい詰まっています。

<目次>
第1章　立体と平面の図解力
第2章　JIS製図の決まりごと
第3章　寸法記入と最適な投影図
第4章　組み合せ部品の公差設定
第5章　設計に必要な設計知識と計算
第6章　Work Shop解答解説

めっちゃ、メカメカ！リンク機構99→∞
―機構アイデア発想のネタ帳

山田 学 著
A5判208頁　定価（本体2000円＋税）

　リンク機構とは、複数のリンクを組み合わせて構成した機械機構。これは、機械設計や機械要素技術の基本中の基本ですが、設計実務の中でリンク機構を考案する際、イレギュラーな機構ほど機構考案に時間がかかり、しかも、機構アイデアには経験や知識が問われます。
　本書はこのリンク機構設計の仕組みと基本がよくわかる本であり、パラパラとめくって最適な機構を探せる、あると便利なアイデア集でもあります。ぜひ、本書から無限大の発想を生み出して下さい。

<目次>
第1章　リンク機構の基本
第2章　メカトロとリンク機構
第3章　四節リンクの揺動運動
第4章　四節リンクの回転運動
第5章　四節リンクとスライド機構
第6章　その他の四節リンクの運動
第7章　多節リンクの運動

日刊工業新聞社の好評図書

メカトロニクス The ビギニング
―「機械」と「電子電気」と「情報」の基礎レシピ

西田 麻美 著
A5判184頁　定価（本体1600円＋税）

　ロボットをはじめ、家電、自動車、生産機械など、あらゆる機械や電気製品に使われているメカトロニクス技術。その「メカトロニクス」を理解するために、そして実際の実務に携わる前に、「これだけは知っておいてほしい」基礎知識を、「完全にマスターできる」くらいにやさしく解説、紹介した本。著者はHPでも人気の女性工学博士。「機械」「電子電気」「情報」と幅広い分野の知識を1冊に閉じこめた、宝箱のような本です。

<目次>
第1章　メカトロニクスを支える技術者と役割
第2章　メカトロニクスに必要な制御の知識
第3章　メカトロニクスを構成する技術
第4章　メカトロニクスを実践してみよう

ついてきなぁ！加工部品設計で3次元CADのプロになる！
―「設計サバイバル術」てんこ盛り

國井 良昌 著
A5判224頁　定価（本体2200円＋税）

　板金部品、樹脂部品、切削部品の3次元CAD設計を通して、設計初心者をベテラン設計者に導く本。「設計サバイバル術」と称したノウハウポイントを「てんこ盛り」で紹介した、機械設計者すべてに役に立つ入門書。
　3次元CADの断面作成機能を駆使して、加工形状の「断面急変部」を回避することが設計サバイバルの第1歩。本書を理解して、「トラブル」や「ケガ」を最小限に止める究極のサバイバル術を身に付けよう。

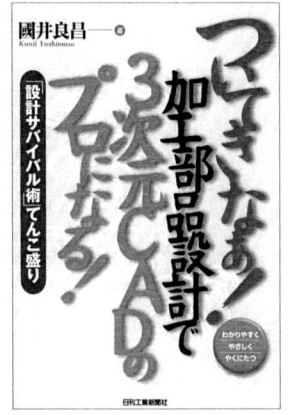

<目次>
第1章　究極の設計サバイバル術
第2章　板金部品における設計サバイバル術
第3章　樹脂部品における設計サバイバル術
第4章　切削部品における設計サバイバル術

日刊工業新聞社の好評図書

図面って、どない読むねん！LEVEL 00
―現場設計者が教える 図面を読みとるテクニック

山田 学 著
A5判248頁　定価（本体2000円＋税）

　図面を描く上で専門用語すら知らない「図面を読む立場の人」や、そういった相手を意識して図面を描かねばならない技術者向けの「製図＜読み／描き＞トレーニング」本。図面を見て話をする際に頻繁に出てくる用語を、具体的な図形や写真を使って解説。同時に、図面を読み描きする際に最低限必要な「LEVEL 00」相当の図解力も養います。もちろん、はじめて製図を勉強する人にもおすすめです。

　読み手の思考に合わせたページ展開で、とても読みやすく、わかりやすくなっています。

＜目次＞
第1章　正確に図形を伝える言葉を、知らなあかんねん！
第2章　投影図を読み解くとは、類推することやねん！
第3章　投影図以外の情報を、手がかりにすんねん！
第4章　投影図を読み解く、ワザがあるねん！
第5章　寸法数値以外の記号が、読み解くカギやねん！
第6章　寸法はばらつくから、公差があるねん！
第7章　幾何公差は寸法と区別して、考えなあかんねん！
第8章　溶接記号は丸暗記せんでええねん！
第9章　専門用語を知らな、読めへん図面があるねん！
第10章　図面管理に必要な記号を、見逃したらあかんねん！

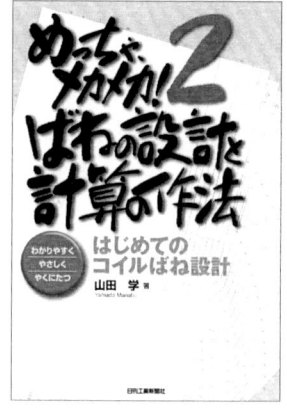

めっちゃ、メカメカ！2 ばねの設計と計算の作法
―はじめてのコイルばね設計

山田 学 著
A5判218頁　定価（本体2000円＋税）

　「めっちゃ、メカメカ！」の続編として、「ばね」に焦点を当て、ばね設計を解説する本。特殊な「ばね」は割愛し、基本的なコイルばねに限定して、その設計方法を導く。実際にコイルばねを設計する際には、設計ポイントの知識をもって計算しなければいけない。本書はそのニーズに応えるわかりやすい入門書。読者に理解してもらうための、こだわりすぎなほどの著者の丁寧さが、「めっちゃ、メカメカ」の真骨頂。

＜目次＞
第1章　ばね効果を得るための工夫ってなんやねん！
第2章　スペースや効率を考えて材料と形状を選択する
第3章　機能を考えて、コイルばねの種類を選択する
第4章　圧縮ばねを設計する前に知っておくべきこと
第5章　圧縮ばねの計算の作法（実践編）
第6章　引張りばねを設計する前に知っておくべきこと
第7章　引張りばねの計算の作法（実践編）
第8章　ねじりばねを設計する前に知っておくべきこと
第9章　ねじりばねの計算の作法（実践編）